突围算法
机器学习算法应用

刘凡平　编著

电子工业出版社
Publishing House of Electronics Industry
北京·BEIJING

内 容 简 介

本书主要对算法的原理进行了介绍，并融合大量的应用案例，详细介绍使用机器学习模型的一般方法，帮助读者理解算法原理，学会模型设计。

本书首先介绍数据理解、数据的处理与特征，帮助读者认识数据；然后从宏观、系统的角度介绍机器学习算法分类、一般学习规则及机器学习的基础应用；接着根据项目研发的流程，详细介绍了模型选择和结构设计、目标函数设计、模型训练过程设计、模型效果的评估与验证、计算性能与模型加速；最后通过多个应用案例帮助读者加强对前面知识点的理解。

未经许可，不得以任何方式复制或抄袭本书之部分或全部内容。
版权所有，侵权必究。

图书在版编目（CIP）数据

突围算法：机器学习算法应用 / 刘凡平编著. —北京：电子工业出版社，2020.8
ISBN 978-7-121-39263-4

Ⅰ. ①突… Ⅱ. ①刘… Ⅲ. ①机器学习－算法 Ⅳ.①TP181

中国版本图书馆 CIP 数据核字(2020)第 132851 号

责任编辑：安　娜
印　　刷：三河市君旺印务有限公司
装　　订：三河市君旺印务有限公司
出版发行：电子工业出版社
　　　　　北京市海淀区万寿路 173 信箱　邮编 100036
开　　本：787×980　1/16　印张：16.5　字数：341 千字
版　　次：2020 年 8 月第 1 版
印　　次：2020 年 8 月第 1 次印刷
定　　价：79.00 元

凡所购买电子工业出版社图书有缺损问题，请向购买书店调换。若书店售缺，请与本社发行部联系，联系及邮购电话：(010) 88254888，88258888。
质量投诉请发邮件至 zlts@phei.com.cn，盗版侵权举报请发邮件至 dbqq@phei.com.cn。
本书咨询联系方式：010-51260888-819，faq@phei.com.cn。

前　言

写作背景

我多年前参加了"百度深度学习公开课·杭州站"的活动，当时做了一个主题为"深度学习模型设计经验分享"的演讲，现场效果非常好，后来萌发了写机器学习算法的想法。于是我将一些工作内容进行沉淀总结，便形成了本书。

本书内容

本书主要对算法的原理进行了介绍，并融合大量的应用案例，详细介绍使用机器学习模型的一般方法，帮助读者理解算法原理，学会模型设计。

本书首先介绍数据理解、数据的处理与特征，帮助读者认识数据；然后从宏观、系统的角度介绍机器学习算法分类、一般学习规则及机器学习的基础应用；接着根据项目研发的流程，详细介绍了模型选择和结构设计、目标函数设计、模型训练过程设计、模型效果的评估与验证、计算性能与模型加速；最后通过多个应用案例帮助读者加强对前面知识点的理解。

读者对象

- 对数据分析、算法及机器学习领域感兴趣的开发者；
- 对人工智能产品、算法方案设计有不同层次需求的技术管理者；
- 软件工程或计算机相关专业的在校学生。

本书特色

本书紧密结合一线开发者的项目应用经验，对当前机器学习的各类算法原理进行了介绍，以方法论的形式连接原理和实践，指导读者设计机器学习模型。

本书结构

本书内容由浅入深，以宏观认识为基础，逐步深入算法体系、算法细节，全书共分为 10 章，具体内容如下。

第 1 章从宏观的角度介绍人工智能相关基础知识、机器学习的技术发展史，以及机器学习在计算机视觉、自然语言处理、语音识别等领域的发展历程，有助于读者了解宏观背景。

第 2 章重点介绍了数据的三个基本维度、统计推论的基本方法，以及数据分析中的一些关键技术点和可视化，帮助读者建立数据理解的思维。

第 3 章从数据处理与特征的角度重点介绍了数据的处理方法，以及数据的特征缩放和特征编码、图像的特征分析等，并对数据降维进行了深入介绍。

第 4 章重点对机器学习的理论基础进行介绍，并结合了应用辅助增强对机器学习理论基础的认识，包括机器学习的体系框架、一般学习规则等。

第 5 章重点介绍了模型选择和结构设计，对机器学习、深度学习中的经典模型进行了介绍，并详细介绍了模型的设计方向、设计技巧等。

第 6 章重点介绍了目标函数中的设计，包括各应用场景中常见的损失函数，以及设计的原则，并详细介绍了梯度下降法和牛顿法的目标求解过程。

第 7 章重点介绍了模型训练过程中的设计，包括数据选择、参数初始化、模型拟合状态、学习速率设定等，并结合迁移学习和分布式训练对模型训练的过程进行了介绍。

第 8 章从模型效果的角度分别对分类算法、聚类算法、回归算法等常见的效果评估指标进行了介绍，并通过交叉验证对模型效果进行评估，还从计算和数据的角度介绍了模型的稳定性。

第 9 章从算法应用落地的角度，重点介绍了计算性能和模型加速，包括计算平台的性能指标、模型的计算性能指标，以及模型的压缩与裁剪。

第 10 章通过数据准备、模型设计等关键环节,重点介绍了二元一次方程的数据拟合案例、鸢尾花的数据分类及聚类案例、形体识别的综合性案例。

由于时间仓促及水平有限,书中难免存在不足之处,恳请广大读者批评指正,可以通过邮箱(fanpingliu@live.com)联系我,谢谢!

读者服务

扫码回复:39263

- 获取博文视点学院 20 元付费内容抵扣券
- 获取免费增值资源
- 加入读者交流群,与更多读者互动
- 获取精选书单推荐

致　谢

　　感谢身边志同道合的同学、朋友、同事和曾经对我严厉要求的老师们，每次向他们请教学习、探讨交流，都能让我从不同角度看到新的观点。

　　衷心感谢我的家人，感谢他们在过去的时间里对我的理解和支持，为我营造了一个良好的写作环境，并鼓励我坚持认真写作，使得本书能够顺利编写完成。

　　在本书编写过程中得到了很多朋友的支持和帮助，限于篇幅，虽然不能一一对他们表示感谢，但是对他们同样心怀感激。

　　最后，感谢这个时代，给予每一个有理想的人赋予实现人生价值的机会！望不负自己，不负韶华！

目 录

第 1 章 引言 1
    1.1 人工智能概述 2
        1.1.1 人工智能的分类 2
        1.1.2 人工智能的应用 3
    1.2 人工智能与传统机器学习 5
        1.2.1 人工神经网络与生物神经网络 5
        1.2.2 落地的关键因素 6
    1.3 机器学习算法领域发展综述 8
        1.3.1 计算机视觉 9
        1.3.2 自然语言处理 10
        1.3.3 语音识别 11
    1.4 小结 13
    参考文献 13

第 2 章 数据理解 16
    2.1 数据的三个基本维度 17
        2.1.1 集中趋势 17

2.1.2　离散趋势 19
　　　2.1.3　分布形态 20
　2.2　数据的统计推论的基本方法 22
　　　2.2.1　数据抽样 22
　　　2.2.2　参数估计 24
　　　2.2.3　假设检验 26
　2.3　数据分析 31
　　　2.3.1　基本理念 31
　　　2.3.2　体系结构 32
　　　2.3.3　传统数据分析方法与示例 33
　　　2.3.4　基于数据挖掘的数据分析方法与示例 35
　　　2.3.5　工作流程 38
　　　2.3.6　数据分析技巧 40
　　　2.3.7　数据可视化 43
　2.4　小结 45
　参考文献 45

第3章　数据处理与特征 47
　3.1　数据的基本处理 48
　　　3.1.1　数据预处理 48
　　　3.1.2　数据清洗中的异常值判定和处理 49
　　　3.1.3　数据清洗中的缺失值填充 51
　3.2　数据的特征缩放和特征编码 54
　　　3.2.1　特征缩放 54
　　　3.2.2　特征编码 57

3.3 数据降维 58
 3.3.1 基本思想与方法 58
 3.3.2 变量选择 59
 3.3.3 特征提取 61
3.4 图像的特征分析 68
 3.4.1 图像预处理 68
 3.4.2 传统图像特征提取 74
 3.4.3 指纹识别 77
3.5 小结 78
参考文献 79

第4章 机器学习基础 81
4.1 统计学习 82
 4.1.1 统计学习概述 82
 4.1.2 一般研发流程 83
4.2 机器学习算法分类 85
 4.2.1 体系框架 85
 4.2.2 模型的形式 88
4.3 机器学习的学习规则 90
 4.3.1 误差修正学习 90
 4.3.2 赫布学习规则 91
 4.3.3 最小均方规则 92
 4.3.4 竞争学习规则 93
 4.3.5 其他学习规则 94
4.4 机器学习的基础应用 95
 4.4.1 基于最小二乘法的回归分析 95

	4.4.2 基于 K-Means 的聚类分析	98
	4.4.3 基于朴素贝叶斯的分类分析	101
4.5	小结	103
	参考文献	103

第 5 章 模型选择和结构设计 105

5.1 传统机器学习模型选择 106
5.1.1 基本原则 106
5.1.2 经典模型 107

5.2 经典回归模型的理解和选择 108
5.2.1 逻辑回归 108
5.2.2 多项式回归 109
5.2.3 各类回归模型的简单对比 112

5.3 经典分类模型的理解和选择 113
5.3.1 K 近邻算法 113
5.3.2 支持向量机 114
5.3.3 多层感知器 115
5.3.4 AdaBoost 算法 117
5.3.5 各类分类算法的简单对比 118

5.4 经典聚类模型的理解和选择 120
5.4.1 基于划分的聚类 120
5.4.2 基于层次的聚类 122
5.4.3 基于密度的聚类 126
5.4.4 基于网格的聚类 131
5.4.5 聚类算法的简单对比 131

5.5 深度学习模型选择 132
5.5.1 分类问题模型 132
5.5.2 聚类问题模型 138
5.5.3 回归预测模型 139
5.5.4 各类深度学习模型的简单对比 140

5.6 深度学习模型结构的设计方向 141
5.6.1 基于深度的设计 141
5.6.2 基于升维或降维的设计 144
5.6.3 基于宽度和多尺度的设计 145

5.7 模型结构设计中的简单技巧 146
5.7.1 激活函数的选择 146
5.7.2 隐藏神经元的估算 147
5.7.3 卷积核串联使用 148
5.7.4 利用 Dropout 提升性能 149

5.8 小结 150

参考文献 151

第 6 章 目标函数设计 **154**

6.1 损失函数 155
6.1.1 一般简单损失函数 155
6.1.2 图像分类场景经典损失函数 156
6.1.3 目标检测中的经典损失函数 158
6.1.4 图像分割中的经典损失函数 159
6.1.5 对比场景中的经典损失函数 161

6.2 风险最小化和设计原则 165
6.2.1 期望风险、经验风险和结构风险 165

6.2.2 目标函数的设计原则 166

6.3 基于梯度下降法的目标函数优化 167

    6.3.1 理论基础 167

    6.3.2 常见的梯度下降法 169

    6.3.3 改进方法 169

6.4 基于牛顿法的目标求解 173

    6.4.1 基本原理 173

    6.4.2 牛顿法的计算步骤 174

6.5 小结 175

参考文献 176

第7章 模型训练过程设计 178

7.1 数据选择 179

    7.1.1 数据集筛选 179

    7.1.2 难例挖掘 180

    7.1.3 数据增强 181

7.2 参数初始化 183

    7.2.1 避免全零初始化 183

    7.2.2 随机初始化 184

7.3 拟合的验证与判断 185

    7.3.1 过拟合的模型参数 185

    7.3.2 不同算法场景中的欠拟合和过拟合 187

7.4 学习速率的选择 188

    7.4.1 学习速率的一般观测方法 188

    7.4.2 学习速率与批处理大小的关系 189

- 7.5 迁移学习 189
  - 7.5.1 概念与基本方法 189
  - 7.5.2 应用示例：基于 VGG-16 的迁移思路 190
- 7.6 分布式训练 191
  - 7.6.1 数据并行 191
  - 7.6.2 模型并行 193
- 7.7 小结 194
- 参考文献 194

第 8 章 模型效果的评估与验证 196

- 8.1 模型效果评估的一般性指标 197
  - 8.1.1 分类算法的效果评估 197
  - 8.1.2 聚类算法的效果评估 201
  - 8.1.3 回归算法的效果评估 205
  - 8.1.4 不同应用场景下的效果评估 206
- 8.2 交叉验证 208
  - 8.2.1 基本思想 208
  - 8.2.2 不同的交叉验证方法 209
- 8.3 模型的稳定性分析 210
  - 8.3.1 计算的稳定性 210
  - 8.3.2 数据的稳定性 211
  - 8.3.3 模型性能 212
- 8.4 小结 213
- 参考文献 213

第 9 章　计算性能与模型加速 ... 215

9.1　计算优化 ... 216
- 9.1.1　问题与挑战 ... 216
- 9.1.2　设备与推断计算 ... 216

9.2　性能指标 ... 217
- 9.2.1　计算平台的重要指标：算力和带宽 ... 217
- 9.2.2　模型的两个重要指标：计算量和访存量 ... 218

9.3　模型压缩与裁剪 ... 219
- 9.3.1　问题背景 ... 219
- 9.3.2　基本思路和方法 ... 220

9.4　小结 ... 221

参考文献 ... 221

第 10 章　应用案例专题 ... 223

10.1　求解二元一次方程 ... 224
- 10.1.1　问题分析 ... 224
- 10.1.2　模型设计 ... 225

10.2　鸢尾花的案例分析 ... 226
- 10.2.1　数据说明 ... 226
- 10.2.2　数据理解和可视化 ... 227
- 10.2.3　数据特征的降维 ... 230
- 10.2.4　数据分类 ... 231
- 10.2.5　数据聚类 ... 235

10.3　形体识别 ... 237
- 10.3.1　问题定义 ... 237
- 10.3.2　应用形式 ... 239

10.3.3 数据准备与处理 241
　　　10.3.4 技术方案与模型设计 243
　　　10.3.5 改进思考 245
　10.4 小结 246
参考文献 246

第 1 章 引言

人工智能是当前乃至未来非常重要的技术之一,是改变人们未来衣食住行的重要技术支撑。

1.1 人工智能概述

1.1.1 人工智能的分类

目前对于人工智能并没有绝对的定义,一个较早的定义是由麻省理工学院的约翰·麦卡锡在 1956 年的达特茅斯会议上提出的"人工智能就是要让机器的行为看起来就像人所表现出的智能行为一样",但是这样的定义实则是对人工智能长远的思考。

根据不同学者对于人工智能的分类或观点,可以把人工智能分为弱人工智能(Artificial Narrow Intelligence,ANI)、强人工智能(Artificial General Intelligence,AGI)和超人工智能(Artificial Super Intelligence,ASI)三种,它们表示了人工智能的不同应用状态,如图 1-1 所示。

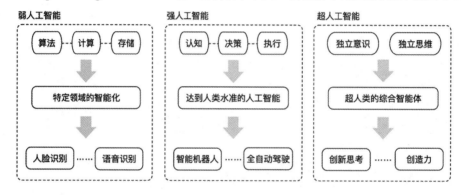

图 1-1

(1)弱人工智能。目前人工智能在落地应用中的主体依然是弱人工智能,弱人工智能的观点是基于大数据,通过计算机视觉、数据挖掘和统计理论,深化演绎、推理、归纳等方法解决现实中的各类问题,机器本身不具备意识。弱人工智能的算法类似于人的思考策略,计算相当于人脑推理分析的执行力,存储相当于人的记忆能力,通过感知使得在某特定领域具备智能化能力。例如人脸识别、语音识别等,都属于特定领域内的智能化。目前,大部分提到的人工智能技术均是弱人工智能领域的范畴。

(2)强人工智能。强人工智能也被称作通用人工智能,具备在不确定环境中进行推理、计算、分析、归纳以解决实际问题的能力,几乎可以胜任人类的工作,并具备抽象思维、理解复杂理念、快速学习和从经验中学习的能力。具备强人工智能的智能体也具备"视觉""知觉"等。整体而言,强人工智能是基本可以达到人类水准的人工智能状态,例如全自动驾驶和全智能化的智能机器人。

（3）超人工智能。超人工智能具备比人类更智能的能力，并且在各个领域中都具备"超人"的能力，能够完成智能化工作。

千里之行，始于足下，当前的弱人工智能技术仍然还有很多要发展和突破的领域。当弱人工智能逐步实现混合的智能体之后，强人工智能则会逐步开始出现。

《人工智能的未来》作者库兹韦尔认为，在2045年左右人工智能将超越人类智能，储存在云端的"仿生大脑新皮质"与人类的大脑新皮质将实现"对接"，世界将开启一个新的文明时代。

1.1.2 人工智能的应用

人工智能正全方位地加速商业化，在各个行业引发深刻变革，目前已在金融、医疗、安防、教育等领域实现技术落地，且应用场景越来越丰富。人工智能的商业化在加速企业数字化、改善产业链结构以及提高信息利用效率等方面起到了积极作用。

1. 行业应用

人工智能通过与各行各业的融合，形成了智慧安防、智慧金融、智慧医疗、智慧教育、智慧工业制造等，如表1-1所示，并形成了较为成熟的智能产业链，从人工智能技术的算法到人工智能的基础硬件、设备，再到人工智能领域的上下游服务等，影响的范围越来越大。

表 1-1

行　业	应用描述
智慧安防	基于计算机视觉、大数据分析技术，进行生物身份识别、智能分析等，例如对陌生人非法入侵检测或巡检
智慧金融	依托于人工智能技术，使金融行业在业务流程、业务开拓和客户服务等方面得到全面的提升，实现金融产品、风控、获客、服务的智慧化。例如，在智能客服、智能投顾、消费金融中实现智能化
智慧医疗	基于计算机视觉和深度数据挖掘技术，对医疗图像和诊断记录等进行分析，主要表现在智能诊疗、智能影像识别、智能健康管理、智能药物研发和医疗机器人等方面
智慧教育	基于视觉、声音、文本等综合对教育领域中的各场景实现智能化，包括智能评测、个性化辅导、儿童陪伴服务等，以及目前比较成熟的作业自动批改、拍照搜题、英语口语评测等
智慧工业制造	工业制造与工业物联网、大数据分析、云计算和信息物理系统的集成将使工业以灵活、高效和节能的方式运作

人工智能技术正逐步完成对2C领域的智能化转变，每个人身边的手机、智能音箱、故事机器人、车载设备等都已成为人工智能的落地载体。

人工智能对于生活的影响总是由浅入深的，并在潜移默化中发生改变和产生影响。例如，传统的光线电视已经转变为智能电视，传统的洗衣机已经转变为智能洗衣机等，人工智能的应用落地加速了这个时代的变化。

2. 智能应用的场景化及体系化

人工智能的影响已经深入到每个人的方方面面，但是人工智能的落地应用并不是简单的智能化，大的趋势是将不同的领域联合在一期，形成一个综合智能体。例如，针对零售领域，在1895年德国柏林就诞生了世界上第一台自动售货机 Quisisana，但它仅仅是机械自动化的表现，而人工智能时代的零售则是融合了移动支付、物联网和消费分析等在一起的零售智能体系，包含了零售的线上、线下渠道。

单一的人工智能技术应用难以形成规模效应，也无法较好地解决社会中的问题，即使目前已经非常成熟的语音识别也是如此。语音识别之后的结果需要通过自然语言处理才能挖掘用户意图，然后才能进行深度理解用户的表达。人工智能技术的落地更倾向于场景化辅助解决实际问题，针对场景形成体系的技术解决方案，从而实现综合的智能应用。

场景化和体系化是人工智能应用落地思考的关键，例如讲故事机器人，不仅仅通过单一的语音合成讲故事，还根据用户听故事的行为喜好，构建用户画像，为用户提供个性化的智能推荐的故事。

倘若从根本上看待人工智能技术当前的发展，"生产力"可能是其标签，人工智能技术正如之前工业革命中的机器一样，为社会带来了新的变革，大幅提升生产效率。而从企业的角度，则是营收能力会呈指数级增长，这也是大量企业不惜亏损仍大力投入人工智能的原因。

不过从目前来看，智能应用的场景化和体系化落地是非常残酷的。对于财力雄厚的大企业而言，人工智能带来的营收爆发点实际上并没有到来，部分领域仍然需要长期投入；而能够落地的场景竞争又非常激烈，无论人工智能的新秀企业，还是传统大型互联网公司，都在有限的场景中厮杀。中小企业也试图在人工智能领域寻找新业务的增长点。企业若想在人工智能浪潮的竞争中脱颖而出，就需要投入耐心，然而对于智能应用的场景化和体系化却显得有心无力。

未来人工智能技术掌握在少数企业中并无可能，这些掌握人工智能技术的核心企业类似于"水"和"电"一样为社会提供关键服务，大多数企业只能围绕着"水"和"电"搭建外围设施。相信未来十年，人工智能带来的影响和变化难以预测，但机会已经留给了有准备的企业。

1.2 人工智能与传统机器学习

1.2.1 人工神经网络与生物神经网络

机器学习是人工智能的重要组成部分,而深度学习是机器学习深度智能化的技术方向之一。人工神经网络(简称神经网络)是深度学习的发展基础,它模拟了生物神经网络的信号传输原理,是人工智能技术中的基础算法之一。神经网络模拟了生物神经网络中的神经元,在人脑中,神经元(神经元)的数量大约有 860 亿个,神经元能够感知环境的变化,同时将信息传递给其他的神经元,并根据传递的信息指令集体做出反应。

神经元由树突、细胞体、轴突突触等基本结构组成。信号在传递过程中形成电流,在其尾端为受体,借由化学物质(化学递质)传导(多巴胺、乙酰胆碱),在传递适当的量后会在两个突触间形成传导电流,一个典型的神经元结构如图 1-2 所示。

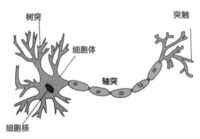

图 1-2

神经元中的树突、细胞体、轴突、突触是神经网络的神经元模拟的重要对象,神经网络在功能和结构上都一定程度参照了神经元。树突、细胞体、轴突、突触的介绍如表 1-2 所示。

表 1-2

神经元结构	功　　能
树突	树突为生物神经元的输入通道,其功能是将其他神经元所接收的动作电位(电信号)传送至细胞本体,其他神经元的动作电位借由位于树突分支上的多个突触传送至树突上
细胞体	细胞体中含有各种细胞器,是神经元加工和处理信号的主要场所
轴突	轴突的主要作用是为传递细胞本体的动作电位至突触,为主要神经信号传递渠道。大量轴突牵连一起,因其外形类似纤维而称为神经纤维

续表

神经元结构	功能
突触	突触是神经元的重要连接环节,在中枢神经系统中的神经元以突触的形式互联,形成神经元网络。对于中枢神经系统内的大多数神经元,突触是其神经信号的唯一输入渠道。与某一神经元相连的所有前级细胞都通过突触向细胞传递关于自身兴奋状态的信息

而神经网络的神经元基于树突、细胞体、轴突、突触的功能,定义了输入层、加权求和、激活函数、输出层,分别模拟了树突的信号输入、细胞体的加工和信号处理、轴突的控制输出、突触的结果输出,一个神经网络的神经元结构如图1-3所示。

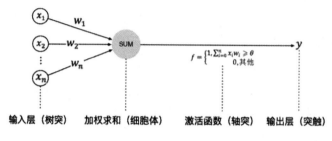

图 1-3

神经网络中的神经元有多种数学模型,其中最经典、最简单的是感知器。感知器通过对输入数据加权求和并经过激活函数,从而输出最终的结果。

例如,评价某个地方是否符合居住环境,y作为输出,$y=0$表示不符合居住环境,$y=1$表示符合居住环境。影响它的因素有绿化面积、超市商业街、出行公交线路等,这些影响因素则是x_i,每一个因素对是否符合居住环境都有权重w_i,因此通过对因素的加权求和并通过激活函数计算是否符合居住环境,最终的输出与图1-3类似。

一个复杂的神经网络是由众多这样的神经元组成的,神经元之间相互传递,上一层的神经元的输出作为下一层神经元的输入,这样不断传递就形成了神经网络的基本结构。随着深度的加深,以及对神经元激活函数的改进等,逐步形成了深度神经网络的基础结构。

1.2.2 落地的关键因素

人工智能技术的落地一方面受限于处理问题的复杂度,另一方面受限于落地环境。人工智能落地的关键因素大致可以分为计算力、算法模型、数据和业务场景。

1. 计算力

计算力是模型训练的运算基础,尤其在深度神经网络中,不仅需要训练的数据量非常大,而且算法模型本身的网络深度和模型复杂度都非常高，因此需要足够的计算力对模型的参数进行训练。可以说，计算力就是人工智能技术的生产力。

对于传统的机器学习模型，CPU型计算服务器或许能够应对，但对于一个复杂的深度模型，它的神经元的数量数以万计，参数量也在百万级或千万级，无论在训练阶段，还是推断阶段，涉及的参数计算量都非常大。而GPU可以帮助提升计算力，分布式并行的GPU集群是提升效率的重要方式之一。拥有强大计算力是企业发展智能化的基础，传统的计算集群（如Spark）便是其中一种方式。

从算法模型训练的角度来看，一个简单的模型在GPU集群中可以在数小时内产生结果，但是在低效率的计算方式中，可能需要数周才能看到结果。若将算法模型的在线推断放到CPU型计算服务器中，可能需要10余秒才能完成推断，而放在GPU集群中，则可以做到秒级响应。这对在线业务的影响非常大，甚至影响用户的体验、产品系统设计、运算效率等。

因此，计算力是人工智能落地的关键技术之一，没有强大的计算力则意味着没有强大的数据处理能力、模型生产能力和在线服务能力。随着当前云计算已经越来越成熟，计算力也越来越容易获得，成本也在不断降低。

2．算法模型

算法模型是解决问题的策略，随着算法模型复杂度的不断加深，解决问题的能力也会不断增强。理论上，算法模型的结构深度越深，对数据的理解能力（拟合）越强。

算法模型是人工智能落地的承载体。例如，在人脸识别中，通过人脸识别的算法模型对不同人的人脸进行认证，通过认证的结果实现对业务的承接。算法模型本身是不具备价值的，但是算法模型和业务关联起来就会产生效益。例如，在量化交易中，量化交易的策略模型对交易进行分析控制，从而实现收益。

算法模型的设计需要专业度和深度，设计符合业务需求的算法模型是人工智能落地的关键，脱离业务需求的算法模型，不仅不能解决实际问题，还会造成计算资源和数据资源的浪费。

算法模型虽然是理解业务的关键一环，但并不是设计得越深越好，而是要恰到好处。一个简单的解方程的模型，不需要复杂的网络模型结构，更不需要高性能GPU的支持。对算法模型的掌握和应用是人工智能技术人员的关键技能之一。

3．数据

数据的重要性在人工智能落地中毋庸置疑，但是对于数据则有一定的要求，主要体现在两个方面。一方面，数据代表的特征要足够全面；另一方面，数据的量要足够多，并非简单的数据量大，而是数据要在更大的数据量级上覆盖数据本身的特征。

一般来说，只需选择合适业务场景的算法模型即可，但是若数据不足或质量不高，那么即使再优秀的算法模型也无法解决问题。数据的质量是解决问题的关键因素，因此针对不同的业务场景，一定要有与其场景匹配的数据。

通过算法模型，不同的数据带来的效果可能有天壤之别。例如，在人脸识别中，人脸识别的算法模型保持不变，但是基于儿童的人脸数据去训练模型，然后用该模型对成人的脸进行人脸识别，显然落地效果会大打折扣。

4．业务场景

脱离场景去探讨人工智能技术落地是没有意义的，不同的应用场景对于技术有不同的要求。业务场景是解决问题的分析基础，数据和算法模型都应该从业务场景出发，即使是相似的业务场景，对于算法和数据的要求也不尽相同。

依然以人脸识别为例，在金融场景中用人脸支付和在手机上用人脸开机解锁，两者对于人脸识别的要求是不一样的。从算法模型层面来看，金融场景对于人脸识别的精度要求更高，例如，在金融场景中需要99%的准确度，而在手机上用人脸开机解锁只需要达到95%的准确度即可。因为不同的准确度对业务的价值不一样，需要付出的成本也不一样。从数据层面来看，金融场景要求数据更加规范，而手机解锁场景则需要考虑不同视觉角度下的数据。

业务场景是落地的关键，但这往往是技术人员容易忽略或没有足够重视的地方。对于不同的业务场景，不一定都需要复杂的算法模型和数据，而是要针对业务场景分析需要何种数据、何种算法模型可以达到效果。从业务角度来看，并不是数据越多越好、算法模型越复杂越好，因为数据越多、算法越复杂，意味着成本越高。

因此，在人工智能技术落地中，应当一切以业务场景为核心，以最少的数据、最简单的模型、最少的计算力解决最实际的问题，从而达到最好的效果。

1.3 机器学习算法领域发展综述

机器学习应用的领域非常广泛，目前应用比较成熟的领域，包括计算机视觉、自然语言处理、语音识别等。

1.3.1 计算机视觉

计算机视觉是机器学习重点研究和落地方向之一,也是研究得比较早的一个领域。目前,在计算机视觉中,重要的网络结构是卷积神经网络。卷积神经网络也是深度学习技术领域中非常具有代表性的神经网络之一,它在图像分析和处理领域取得了许多突破性的进展。在学术界常用的标准图像标注集 ImageNet 上,基于卷积神经网络取得了很多成就,包括图像特征提取分类、场景识别等。

卷积神经网络的优点之一是避免了对图像进行复杂的前期预处理过程,尤其是人工参与图像预处理过程。在卷积神经网络中可以直接输入原始图像进行一系列工作,至今已经广泛应用于各类图像应用中,针对动物识别的简单模型结构示例如图 1-4 所示。

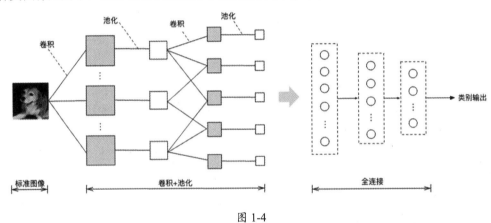

图 1-4

卷积神经网络作为视觉的基础性网络结构,从卷积神经网络的提出到目前的广泛应用,大致经历了理论萌芽阶段、实验发展阶段以及大规模应用和深入研究阶段。

1. 理论萌芽阶段

1962 年,Hubel 和 Wiesel 通过生物学研究表明,从视网膜传递到大脑中的视觉信息是通过多层次的感受野(Receptive Field)激发完成的,并首先提出了感受野的概念。

1980 年,日本学者 Fukushima 在基于感受野的概念基础之上,提出了神经认知机。神经认知机是一个自组织的多层神经网络模型,每一层的响应都由上一层的局部感受野激发得到,对于模式的识别不受位置、较小形状变化和尺度大小的影响。

神经认知机可以理解为卷积神经网络的第一版,其核心点在于将视觉系统模型化,并且不受视觉中物体的位置和大小等影响。

2. 实验发展阶段

1998 年,计算机科学家 Yann LeCun 等人提出的 LeNet-5 网络模型采用了基于梯度的反向传播算法对网络进行有监督的训练。Yann LeCun 在机器学习、计算机视觉等领域都有杰出贡献,被誉为卷积神经网络之父。

LeNet-5 网络通过交替连接的卷积层和下采样层,将原始图像逐渐转换为一系列的特征图,并且将这些特征传递给全连接的神经网络,以根据图像的特征对图像进行分类。

感受野是卷积神经网络的核心,卷积神经网络的卷积核则是感受野概念的结构表现。学术界对于卷积神经网络的关注,也正是从 LeNet-5 网络的提出开始的,并把它成功应用于手写体识别。目前,卷积神经网络在语音识别、物体检测和人脸识别等应用领域的研究正逐渐开展起来。

3. 大规模应用和深入研究阶段

在 LeNet-5 网络之后,卷积神经网络一直处于实验发展阶段,直到 2012 年 AlexNet 网络的提出才奠定了卷积神经网络在深度学习应用中的地位。Krizhevsky 等人提出的卷积神经网络 AlexNet 在 ImageNet 的训练集上取得了图像分类的冠军,使得卷积神经网络成为计算机视觉中的重点研究对象,并且仍在不断深入。在 AlexNet 之后,不断有新的卷积神经网络被提出,包括牛津大学的 VGG 网络、微软的 ResNet 网络、谷歌的 GoogLeNet 网络等,这些网络的提出使得卷积神经网络逐步开始走向商业化应用。

从目前的发展趋势来看,卷积神经网络依然会持续发展,并且会产生适合各类应用场景的卷积神经网络。例如,面向视频理解的 3D 卷积神经网络等。值得说明的是,卷积神经网络不仅应用于图像相关的网络,还可用于与图像相似的网络,例如在围棋中分析棋盘等。

1.3.2　自然语言处理

自然语言处理(Natural Language Processing,NLP)是人工智能和语言学领域的分支学科,探讨如何处理并运用自然语言,对自然语言的认知和理解是让计算机把输入的语言变成符号和关系,然后根据目的再进行处理。

早在 20 世纪 50 年代,随着电子计算机的发展,出现了众多的自然语言处理任务,如机器翻译等。1954 年,乔治城实验将 60 多句俄语句子全自动翻译成英语,甚至声称在三到五年内,机器翻译任务将会被解决。然而真正的进展要慢得多。1966 年,美国科学院的语言自动处理咨询委员会报告发现十年的研究仍未能达到预期的目标。直到 20 世纪 80 年代后期,当第一个统计机器翻译系统被开发出来时,才对机器翻译方面进一步研究。在 20 世纪 80 年代之前,比较成功的自然语言处理系统是 1959 年宾夕法尼亚大学研制成功的 TDAP（Transformation and Discourse Analysis Project）系统，它是最早、最完整的英语自动剖析系统。

直到 20 世纪 80 年代，大多数自然语言处理系统仍以一套复杂、人工制定的规则为基础。从 20 世纪 80 年代末期开始，自然语言处理开始采用机器学习中的算法，一方面是计算速度和存储量大幅增加、大规模真实文本的积累产生；另一方面则是以网页搜索的出现，依赖于自然语言的内容分析、信息抽取等。从 20 世纪 90 年代开始，自然语言处理呈现一个研究的浪潮。因此在基于传统规则的处理技术中，逐步引入了更多数据驱动的统计方法，将自然语言处理的研究推向了一个新高度。

从 2010 年开始，随着深度学习的发展，基于大数据与深度学习的自然语言处理技术在机器翻译、人机对话等场景中开始应用。目前，自然语言处理技术仍在发展，未来依然是较热门的研究方向之一。

在现在能够接触到的大部分场景中都会涉及自然语言的处理，例如语音合成、文档分类、智能客服、机器翻译、自动摘要等。自然语言处理除可以将人类语言转换为机器语言外，还研究将机器语言翻译为人类语言。

1.3.3 语音识别

语音识别（Speech Recognition）技术，也被称为自动语音识别（Automatic Speech Recognition，ASR）或语音转文本识别（Speech To Text，STT），其目标是通过计算机自动将人类的语音内容转换为相应的文字。

语音识别技术发展比较漫长，最早可以推算到 1920 年代生产的玩具狗"Radio Rex"，当这只狗的名字"Rex"被呼喊时，玩具狗则可以从底座上弹起来，实现了最简单的"语音识别"。然而实际上它并不是一套复杂的计算系统，而是通过声音的共振使得能够识别到"Rex"被呼喊时，弹簧接收到共振峰，从而自动释放。真正的具备计算系统的语音则是从 1952 年开始的，在 20 世纪 70 年代之前，基本属于语音识别技术的奠基阶段，该段时间重要性的发展内容如表 1-3 所示。

表 1-3

时间	重要发展内容
1952 年	AT&T 贝尔实验室的三位研究员 Stephen Balashek、R. Biddulph,以及 K.H.Davis 开发了一款名为 Audrey 的语音识别系统,能够识别 10 个英文数字,正确率高达 98%,其采用的方式是共振峰
1960 年	Gunnar Fant 开发并发布了语音识别的源过滤器模型
1962 年	IBM 在 1962 年世界博览会上展示了其 16 字"Shoebox"机器的语音识别功能
1966 年	名古屋大学的 Fumitada Itakura 和日本电报电话(NTT)的斋藤修三在语音识别工作中首次提出了一种语音编码方法-线性预测编码
1960 年后期	Raj Reddy 是第一个连续研究语音识别的人,当时他还在斯坦福大学读研究生。之前的语音识别系统要求用户在每个单词之后停顿,Reddy 通过连续的语音识别实现下棋的命令控制

从 20 世纪 70 年代开始,出现大量的对于语音识别的研究,但研究的主体也主要在小词汇量、孤立词的识别,最开始使用的方法也是基于模板匹配的方式;但是进入 20 世纪 80 年代,研究的方式发生了改变,从传统的模板匹配转换到基于统计模型的思路。例如隐马尔科夫模型(Hidden Markov Model,HMM)的理论基础在 1970 年前后就已经由 Baum 等人建立起来,随后由卡内基·梅隆大学的 Baker 和 IBM 的 Jelinek 等人将其应用到语音识别当中。

20 世纪 90 年代语音识别技术进入了一个平稳期,经典的语音识别技术框架则是基于 GMM-HMM 框架的模型,HMM 用于描述的是语音的短时平稳的动态性,GMM 用来描述 HMM 每一状态内部的发音特征。同时期人工神经网络也得到了较好的发展,基于人工神经网络的语音识别也有相关研究,但是效果不如经典的 GMM-HMM 框架。但无论是基于何种方式,距离语音识别的大规模商用依然还有一定差距。

2000 年后,语音识别技术也随着深度学习有了技术框架的变迁,2006 年 Hinton 提出深度置信网络,深度神经网络的研究开始兴起。2009 年,Hinton 将深度神经网络应用于语音的声学建模,在 TIMIT 上获得了当时最好的结果。随后的 2011 年,微软借助深度神经网络将大词汇量映射到连续语音识别任务上,大大降低了语音识别错误率。随后的技术框架基本是以 DNN-HMM 的模型为基础继续语音识别的研究。

语音识别技术的应用包括智能语音客服、智能语音导航、语音笔听写录入等。语音识别技术和其他自然语言处理技术相结合(如机器翻译和语音合成技术),可以构建出更加复杂的应用,例如语音到语音的翻译等。

1.4 小结

本章首先简要介绍了人工智能的应用和分类，然后介绍了人工智能技术的落地关键因素：计算力、算法模型、数据和业务场景；最后介绍了机器学习在计算机视觉、自然语言处理和语音识别领域的应用。

参考文献

[1] HUBEL D H, WIESEL T N. Receptive Fields, Binocular Interaction and Functional Architecture in the Cat's Visual Cortex[J]. Journal of Physiol, 1962, 160 (1) : 106-154.

[2] DAVIS K H, BIDDULPH R, BALASHEK S. Automatic Recognition of Spoken Digits[J]. The Journal of the Acoustical Society of America, 1952, 24(6): 637-642.

[3] 杨啸林, 王哲, 潘虹洁, 等. 本体：强人工智能的基石[J]. Chinese Medical Sciences Journal, 2020, 34(4): 277-280.

[4] 白彤东. 从中国哲学角度反思人工智能发展[J]. 中州学刊, 2019 (9): 18.

[5] 胡敏中, 王满林. 人工智能与人的智能[J]. 北京师范大学学报 (社会科学版), 2019 (5): 128-134.

[6] 莫宏伟. 强人工智能与弱人工智能的伦理问题思考[J]. 科学与社会, 2018, 8(1): 14-24.

[7] 崔雍浩, 商聪, 陈锶奇, 等. 人工智能综述：AI 的发展[J]. 无线电通信技术, 2019, 45(3): 225-231.

[8] 高婷婷, 郭炯. 人工智能教育应用研究综述[J]. 现代教育技术, 2019, 1: 11-17.

[9] 吴彤. 关于人工智能发展与治理的若干哲学思考[J]. 人民论坛·学术前沿, 2018, 146(10):20-27.

[10] 陶锋. 当代人工智能哲学的问题、启发与共识——"全国人工智能哲学与跨学科思维论坛"评论[J]. 四川师范大学学报(社会科学版), 2018, 45 (4):29-33.

[11] 王宏武, 王峰, 王晓洒, 等. 人工智能在中医诊察中的应用综述[J]. 电脑知识与技术, 2019 (19): 87.

[12] 肖泽青, 华昊辰, 曹军威. 人工智能在能源互联网中的应用综述[J]. 电力建设, 2019, 40(5): 63-70.

[13] 马璐, 张洁. 国内外人工智能在基础教育中应用的研究综述[J]. 现代教育技术, 2019, 29(2): 26-32.

[14] 魏晓丹. 人工神经网络在自动化领域的应用[J]. 科技风, 2019 (15): 66.

[15] 喻思南. 让人工智能与产业紧密融合[J]. 智慧中国, 2019 (1): 18.

[16] 娄棕棋. 机器学习的理论发展及应用现状[J]. 中国新通信, 2019 (1): 49.

[17] 罗晓慧. 人工智能背后的机器学习[J]. 电子世界, 2019 (14): 63.

[18] 熊茂尧. 浅谈人工智能中的深度学习[J]. 数码世界, 2019 (2): 2.

[19] 杜威, 丁世飞. 多智能体强化学习综述[J]. 计算机科学, 2019, 46(8): 1-8.

[20] 万里鹏, 兰旭光, 张翰博, 等. 深度强化学习理论及其应用综述[J]. 模式识别与人工智能, 2019, 32(1): 67-81.

[21] 邵娜, 李晓坤, 刘磊, 等. 基于深度学习的语音识别方法研究[J]. 智能计算机与应用, 2019 (2): 31.

[22] 李国和, 乔英汉, 吴卫江, 等. 深度学习及其在计算机视觉领域中的应用[J]. 计算机应用研究, 2019 (12): 1.

[23] 高源. 自然语言处理发展与应用概述[J]. 中国新通信, 2019 (2): 94.

[24] 张润, 王永滨. 机器学习及其算法和发展研究[J]. 中国传媒大学学报(自然科学版), 2016, 23(02): 10-18+24.

[25] HINTON G E, SALAKHUTDINOV R R. Reducing the Dimensionality of Data with Neural Networks[J]. science, 2006, 313(5786): 504-507.

[26] 何清, 李宁, 罗文娟, 等. 大数据下的机器学习算法综述[J]. 模式识别与人工智能, 2014, 27(04): 327-336.

[27] K W, WU Q H. Online Training of Support Vector classifier[J]. Pattern Recognition, 2003, 36(8): 1913-1920.

[28] WU M H, KUMATANI K, SUNDARAM S, et al. Frequency Domain Multi-channel Acoustic

Modeling for Distant Speech Recognition[C]. //2019 IEEE International Conference on Acoustics, Speech and Signal Processing (ICASSP). IEEE, 2019.

[29] LI B, SAINATH T N, Narayanan A, et al. Acoustic Modeling for Google Home[C]. //Interspeech. 2017: 399-403.

[30] CHIU C C, SAINATH T N, WU Y, et al. State-of-the-art Speech Recognition with Sequence-to-sequence Models[C]//2018 IEEE International Conference on Acoustics, Speech and Signal Processing (ICASSP). IEEE, 2018: 4774-4778.

[31] LI J, DENG L, GONG Y, et al. An Overview of Noise-robust Automatic Speech Recognition[J]. IEEE/ACM Transactions on Audio, Speech, and Language Processing, 2014, 22(4): 745-777.

[32] 俞栋,邓力. 解析深度学习：语音识别实践[M]. 北京：电子工业出版社, 2016.

[33] 韩纪庆,张磊,郑铁然. 语音信号处理[M]. 北京：清华大学出版社, 2005.

[34] MNIH V, KAVUKCUOGLU K, SILVER D, et al. Playing atari with deep reinforcement learning[J]. arXiv preprint, arXiv:1312.5602, 2013.

第 2 章
数据理解

　　数据是机器学习的基础，只有通过对数据的描述、推论和分析，增强对数据的理解，才能形成对数据的整体认识。数据好比人体中的"血液"，是驱动整体运作的载体。对数据的充分理解有助于我们对算法进行选型和优化，有助于我们理解业务的实际应用场景。

2.1 数据的三个基本维度

数理统计是以概率论为基础发展而来的一个数学分支，包括参数估计、假设检验、相关分析、试验设计、非参数统计、过程统计等，从而为某种问题的决策和行动提供依据。认识数据的基本过程有分析问题、确认问题、收集数据、整理数据、统计推断等，如图2-1所示。

图 2-1

我们可以从数据的集中趋势、离散趋势、分布形态三方面对数据进行认识，如表2-1所示。

表 2-1

基本维度	表述特征	参考的统计量
集中趋势（Central Tendency）	以集中趋势为主的数据水平特征，表示一个概率分布的中间值	中位数、众数、平均数、中程数等
离散趋势（Tendency of Dispersion）	以离散趋势为主的数据差异性特征，是测定总体中各个个体单位标志值差异的变动范围或差异程度的指标	极差、四分差、方差、标准差等
分布形态（Distribution Pattern）	以分布形态为主的数据形状特征，是对数据的陡缓程度、对称关系的分析	偏度（Skewness）、峰度（Kurtosis）

在实际问题中，很多数据看似随机，其实随机中隐藏着规律。因此需要进行足够多次的观察，其规律才能呈现出来。但是客观上，通常只允许进行有限次的观察，即只能获得局部观察资料。因此，数据的概率分布是对数据认识的基础。

2.1.1 集中趋势

集中趋势是一组数据的代表值，表示定量数据聚集在某个集中值周围的趋势情况。最常用的度量指标是算术平均数、中位数和众数等，相应的描述或计算公式如表2-2所示。

表 2-2

度量指标	描述或计算公式
算术平均数	观测值的总和除以观测值的个数，即 $\bar{x} = \frac{x_1 + x_2 + \cdots + x_n}{n}$
中位数	对于有限的数据，可以把所有观测值按升序或降序排列后，把正中间的数一个作为中位数。实数按照 $\{x_1, x_2, x_3, \ldots, x_n\}$ 进行升序或降序排列，中位数 $Q_{\frac{1}{2}}(x)$ 公式： $$Q_{\frac{1}{2}}(x) = \begin{cases} x_{\frac{n+1}{2}}, & \text{若}n\text{为奇数} \\ \frac{1}{2}\left(x_{\frac{n}{2}} + x_{\frac{n}{2}+1}\right), & \text{若}n\text{为偶数} \end{cases}$$
众数	在观测样本中，出现次数最多的观测值
几何平均数	n 个观测值乘积的 n 次方根，即 $\sqrt[n]{x_1 \times x_2 \ldots \times x_n}$，仅适用正数
调和平均数	观测值个数除以观测值倒数的总和，即：$\frac{n}{\frac{1}{x_1} + \frac{1}{x_2} + \frac{1}{x_3} + \cdots + \frac{1}{x_n}}$
加权平均数	基于算术平均数，对每一个 x_i 赋予不同的权重系数
截尾平均数	先舍掉概率分布或样本中最高和最低的一些观测值，再计算出算术平均数，通常最高和最低两端会舍掉一样多的观测值。例如，舍掉观测样本中最低25%和最高25%的观测值后计算算术平均数。倘若截尾平均数和原算术平均数相差较大，则说明数据中存在极端值
中程数	观测值中最大值与最小值的算术平均数，即 $\frac{\min(x) + \max(x)}{2}$
中枢纽	所有观测值由小到大排列并分成四等份，处于三个分割点位置的数值被称为四分位数，其中第一四分位数与第三四分位数的算术平均数即为中枢纽，即 $\frac{Q_1 + Q_3}{2}$
三均值	与中枢纽类似，但是计算的是三个四分位数的加权平均数，即 $\frac{Q_1 + 2Q_2 + Q_3}{4}$

除表 2-2 中的度量指标外，类似的指标还有极端值调整平均数等。值得说明的是，算术平均数、中位数、众数等虽然是最常见的集中趋势度量方式，但是它们内在的关系也可以呈现和说明数据的大致分布情况，如图 2-2 所示。

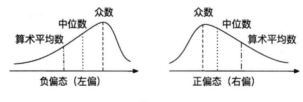

图 2-2

（1）负偏态。当众数大于中位数且中位数大于算术平均数时，则整体属于一个左偏的分布，即数据大部分集中在左侧部分。

（2）正态。当众数、中位数、算术平均数相等时，则整体属于一个比较对称的分布，类似于正态分布，数据分布相对匀称。

（3）正偏态。当众数小于中位数且中位数小于算术平均数时，则整体属于一个右偏的分布，即数据大部分集中在右侧部分。

虽然众数、中位数和算术平均数都是通过一个数值来反映变量集中趋势的，但是它们之间的差异也比较明显：

（1）众数仅表示观测值中最大频次数，因此对观测样本的使用是不完全的；中位数只考虑了观测值的顺序和居中位置，对不按序排序的观测值，无法反映不在中位的观测值的大或小；算术平均数既考虑了频次，又考虑了变量值的大小，因此对整体数据的反应最为灵敏。

（2）虽然算术平均数对观测值利用得最充分，但对严重偏态的分布，会失去它应有的代表性。对于单峰和基本对称的数据，用算术平均数作为集中趋势是合理的。对于偏态的分布，应优先使用中位数来度量集中趋势。

2.1.2 离散趋势

离散趋势反映的是一个分布或随机变量的压缩和拉伸的程度，度量指标主要有方差、标准差、变差系数、四分差、极差等，如表 2-3 所示。

表 2-3

度量指标	描述或计算公式
方差	将各个误差的平方相加之后再除以总数，通过这样的方式计算出各个数据分布，以及零散（相对中心点）的程度，计算方差的公式为 $\sigma^2 = \frac{\Sigma(X-\mu)^2}{N}$
标准差	方差的算术平方根即为该随机变量的标准差，一般用数学符号 σ 表示。值得说明的是，平均数相同的两组数据，方差和标准差未必相同
变差系数	当两个方案的期望结果存在差异时，直接用标准差 σ 并不好比较，此时就要用变差系数来衡量它们的相对差异，计算方式为标准差 σ 与平均值 μ 的比值 $\frac{\sigma}{\mu}$
四分差	又称作四分位距，以第三四分位数和第一四分位数的差值作为衡量，通常用来构建箱型图，以及对概率分布的简要图表
极差	又称作全距，用来表示观测值中的变异量数，为最大值与最小值之间的差额，它反映了标志值的变动范围。全距计算简便、易于理解，应用普遍，计算公式为 $R = x_{max} - x_{min}$

离散趋势如图 2-3 所示，两图均为正态分布，均值为 0，但方差分别为 2 和 1。

这些度量离散程度的值，通常是非负实数：当度量值取零时，表示分布集中在同一个值上；随着度量值的增加，随机变量的取值会越来越分散。

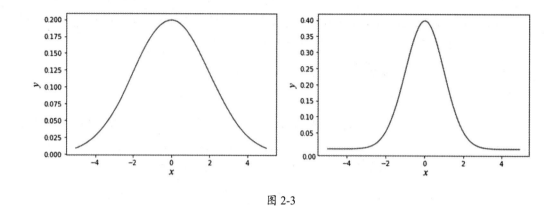

图 2-3

2.1.3 分布形态

偏度和峰度是表示数据分布形态的两个典型特征。

1. 偏度

偏度用于衡量随机变量概率分布的不对称性，通过对偏度系数的测量，能够判定数据分布的不对称程度及方向。

理想的分布形态是对称的，但在现实生活中数据的分布并不完全对称，而是或多或少地存在不同程度的非对称情况。在统计上，我们把非对称分布称为偏态，度量的方式称作偏度。

偏度的值既可以为正值，也可以为负值。若偏度为正，则称作正偏态（右偏），表示在概率密度函数右侧的尾部比左侧的长，绝大多数观测值位于平均值的左侧。若偏度为负，则称作负偏态（左偏），表示在概率密度函数左侧的尾部比右侧的长，绝大多数观测值位于平均值的右侧。正偏态、正态、负偏态如图 2-4 所示。

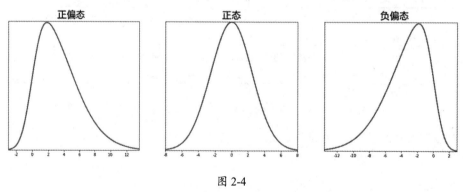

图 2-4

偏度的计算公式见式（2-1），其中n表示样本数量，σ为标准差。

$$\gamma = \frac{\sum_{i=0}^{n}(x_i - \overline{x})^3}{(n-1)\sigma^3} \qquad (2\text{-}1)$$

根据偏度计算公式，计算偏度的示例如表 2-4 所示。

表 2-4

样本观测值	均 值	标 准 差	偏 度	偏 态
10,20,30,40,50,60	35	17.078	0.0	正态
10,25,35,40,50,60	36.667	16.245	-0.212	负偏态
10,20,35,59,60,100	47.333	29.898	0.470	正偏态

值得说明的是：一、当偏度为零时，表示数值相对均匀地分布在平均值的两侧，但不一定为对称分布；二、偏度的正偏态、负偏态与数据的集中趋势有一定的关系，如算术平均数、中位数和众数等。

2．峰度

峰度用于衡量实数随机变量分布的峰态，是一个表明数据分布陡峭或平缓的指标。峰度高意味着方差增大是由低频度的大于或小于平均值的极端值引起的。

峰度的表现形式可以总结为峰度越大，则分布形态越陡峭，数值越集中；峰度越小，则分布形态越平缓，数值越分散，如图 2-5 所示。

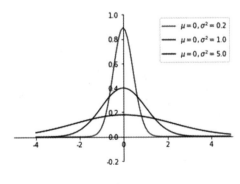

图 2-5

通常情况下，峰度被定义为四阶累积量除以二阶累积量的平方，它等于四阶中心矩除以概率分布方差的平方再减 3。"减 3"是为了让正态分布的峰度为 0。峰度的计算公式见式（2-2），其中 $\mu4$ 是四阶中心矩，σ 是标准差。

$$k = \frac{\mu 4}{\sigma^4} - 3 = \frac{\frac{1}{n}\sum_{i=0}^{n}(x_i - \overline{x})^4}{(\frac{1}{n}\sum_{i=0}^{n}(x_i - \overline{x})^2)^2} - 3 \qquad (2\text{-}2)$$

式（2-2）也被称为超值峰度，若该峰度值等于零，则表明观测值扁平程度适中；若该峰度值小于零，则为扁平分布；若该峰度值大于零，则为尖峰分布。计算峰度的示例如表 2-5 所示。

表 2-5

样本观测值	均 值	标 准 差	超值峰度	峰 态
2,5,9,11,23,25	12.5	8.636	-1.441	扁平分布
2,5,9,110,23,25	29.0	37.233	0.822	尖峰分布

峰度在实际工作中有很多参考意义，例如，在方差相同的情况下，峰度越大，则存在极端值的可能性越高。根据笔者的经验，不同统计软件中的峰度计算公式略有差别。

2.2 数据的统计推论的基本方法

在实际工作中，我们常常会基于数据分析或统计推论来总结数据的规律，即根据抽样的样本数据选择统计量，进而推断数据的总体分布及数值特征等情况。统计推论是数理统计研究的核心。

2.2.1 数据抽样

数据抽样主要用于有效、正确地收集数据，通过样本情况来了解总体。

如果抽样的样本不能代表观测的总体，则抽出的样本存在偏倚。如果使用错误的样本进行分析，则显然会对数据的总体集中趋势、离散趋势和分布形态等进行错误的描述，甚至会形成截然不同的观点，并做出错误的决策。因此，我们需要使用正确的抽样方法做数据抽样，以保证分析结果的准确性。

1. 抽样的基本方法

抽样的基本方法包括简单随机抽样、分层抽样、整体抽样和系统抽样等，如表 2-6 所示。

表 2-6

基本方法	方法描述	场 景
简单随机抽样	简单随机抽样使得总体中的每一个个体都有同等的机会被抽到。常用抽签或随机数表来抽取样品，以保证样品的代表性	当样本的类别不多或分布较均匀时，简单随机抽样是一种有效的抽样方法

续表

基本方法	方法描述	场景
分层抽样	分层抽样是将总体数据按照主要特征分类或分层,然后在各层中按照随机原则抽取样本。分层抽样可以减少层内差异,增加样本的代表性,例如在不同地理位置进行抽样等	当样本的类别较多或分布不均匀时,分层抽样是一种有效的抽样方法
整体抽样	将总体分为若干组,每组尽可能与其他组相似。可以使用简单随机抽样选择几个组	适合样本总体差异较小的情况,若样本总体差异较大,则数据代表性差
系统抽样	从总体中每隔 K 个个体抽取一个个体的抽样方法	当样本量特别多,并且可以按照某种次序排列时,系统抽样比分层抽样要好,例如按照时间线进行系统抽样等

简单随机抽样被使用得最多,但是在选择抽样方法之前,需要适当了解数据的基本特征。

注意: 抽样的方法并不一定是一次性抽样,而是一个逐步确定的过程。通过对第一次抽样的样本进行基础数据分析,判断该部分数据与总体数据的基本差异,如果差异过大,则修正抽样方式。

我们可以通过抽样的样本数据对总体数据进行估计,估计的内容包括集中趋势、离散趋势、分布形态等度量指标。同样,根据中心极限定理可知,抽样样本的均值应该约等于总体均值。但是,抽样样本也有与总体存在已知差异的地方,例如,抽样样本的方差比总体的方差略小,这是因为样本的数量少于总体,所以异常值的数量也比总体的要少,故其波动比总体方差小。

2. 抽样导致的数据偏差

抽样的样本经过纠正或调整后,可使得样本的数据情况与总体的数据情况类似,但是仍然存在数据偏差现象,典型的偏差类型有样本偏差、幸存者偏差、概率偏差、信息茧房等,如表2-7所示。

表 2-7

偏差类型	描述
样本偏差	样本偏差是最典型的偏差,它容易导致数据以偏概全。避免样本偏差的方法是在条件允许的范围内尽可能增加样本,随着样本的增加,偏差会逐步减小
幸存者偏差	幸存者偏差则是耳熟能详的"沉默的数据"。一般情况下大家只关注显而易见的样本,而常常忽略没有机会出现的样本,从而忽视了该部分样本对整体的影响。幸存者偏差导致的思想误区是人们相信部分事件在短时间内是随机的,不相信长期的随机性。避免数据沉默的方法有两种:一、通过多个角度全面观察问题;二、有效屏蔽噪声数据

续表

偏差类型	描述
概率偏差	概率偏差是人主观理解的数据偏差,但是并非客观观测数据的偏差。例如,乘坐飞机的安全系数比较乘坐其他交通工具的安全系数要高,而非部分人主观理解的乘坐飞机比较危险。解决概率偏差的方法有两种:一、基于客观数据做好统计与概率分析;二、当不能验证客观概率时,应当借助辅助数据、行业报告,或请教行业专家,减少概率偏差的发生
信息茧房	信息茧房是人们对信息的筛选通常会习惯性地被自己的兴趣所引导,从而导致对信息的理解存在个性的偏差。解决方法是应当以开放、包容的心态理解客观观测值

2.2.2 参数估计

参数估计(Parameter Estimation)是指根据抽取的随机样本来估计总体分布中未知参数的过程。若按照参数估计形式进行分类,则可以分为点估计(Point Estimation)和区间估计(Interval Estimation)两种,它们之间的对比如表2-8所示。

表 2-8

参数估计形式	问题对象	基本概念	基本方法
点估计	求估计量	估计量、估计值	(1)最小二乘估计 (2)极大似然估计等
区间估计	求置信区间	置信度、双侧置信区间等	关键是构造含样本及未知参数的随机变量

1. 点估计

总体分布参数在很多情况下是未知的,点估计是使用样本来计算一个值(如均值、方差等)。由于计算的是一个未知的值,因此称作点估计。点估计值通常被当作未知数的最可能的值,例如,估计一个城市的常住人口数量。

在点估计中,常见的估计方法有极大似然估计、最小二乘估计、贝叶斯估计等,估计原理如表2-9所示。

表 2-9

估计方法	估计原理
极大似然估计	极大似然估计提供了一种给定观测数据来评估模型参数的方法,即"模型已定,参数未知"。通过若干次试验,观察其结果,利用试验结果得到某个参数值能够使样本出现的概率最大
最小二乘估计	通过最小化误差的平方和寻找数据的最佳函数匹配,并使得这些求得的数据与实际数据之间的误差的平方和为最小,然后利用该函数计算未知的数据
贝叶斯估计	基于贝叶斯定理结合先验概率,计算可能的概率值。它提供了一种计算假设概率的方法,基于假设的先验概率,给定假设下观察到的不同数据的概率和观察到的数据本身

当然，对于点估计的最终结果是需要进行评估的，一般来说，评估方法应包括无偏性、有效性和一致性三个方面。

（1）无偏性。如果估计值的期望值等于被估计的参数值，则称此估计量为无偏估计，与之相反，则称为有偏估计。一般来说，若是多次抽样样本的点估计结果均在期望值附近轻微摆动，则可以说估计结果是无偏的。无偏性的直观意义是样本估计量的数值在参数的真值附近摆动。如图 2-6 所示，中间的小实心圆表示目标值，虚线表示允许的误差范围，一个"×"代表一个估计值。

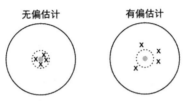

图 2-6

（2）有效性。若估计值越靠近目标，效果越好，则这个靠近可以用方差来衡量。此外，有效性与无偏性没有直接关系，但是当一个参数有多个无偏估计时，则估计方差越小，估计值越有效，如图 2-7 所示。

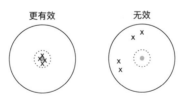

图 2-7

（3）一致性。在点估计过程中，若随着样本量的不断增大，参数的估计结果均趋于被估计的参数值，则表明估计具有一致性。

2．区间估计

区间估计是以一定的概率保证估计包含总体参数的一个值域。通常是给定置信水平，根据估计值确定真实值可能出现的区间。该区间通常以估计值为中心，被称为置信区间。

用抽样的样本来估计总体是很难达到绝对准确无误的，因此在估计总体指标时，必须同时考虑估计误差的大小区间。一方面，区间估计对范围的大小进行了估计；另一方面，估计了总体指标落在这个区间的概率。区间估计既可以表明估计结果的准确度，又可以表明这个估计结果的可靠度，因此区间估计的结果非常具有逻辑性。

例如，在使用样本均值对总体均值进行估计时，样本均值的分布规律大致如下：

（1）当为大样本时，样本均值$\bar{x}$服从期望值为总体均值μ、方差为σ^2/n的正态分布。

总体均值μ在$1-\alpha$的置信水平下的置信区间为$\bar{x} \pm z_{\alpha/2}\frac{\sigma}{\sqrt{n}}$，$z_{\alpha/2}$标准正态分布的$\alpha/2$分位点。相当于给样本均值的标准差提供了一个系数。在实际使用时一般是查询标准正态分布表，其中，$\bar{x} - z_{\alpha/2}\frac{\sigma}{\sqrt{n}}$被称作置信下限，$\bar{x} + z_{\alpha/2}\frac{\sigma}{\sqrt{n}}$被称作置信上限。

（2）当为小样本时，总体也服从正态分布的前提下，若已知标准差σ，则样本均值服从正态分布，标准化之后服从标准正态分布，总体均值μ在$1-\alpha$的置信水平下的置信区间为$\bar{x} \pm z_{\alpha/2}\frac{\sigma}{\sqrt{n}}$。若未知标准差$\sigma$，则样本均值经过标准之化后服从自由度为$n-1$的$t$分布，总体均值$\mu$在$1-\alpha$的置信水平下的置信区间为$\bar{x} \pm t_{\alpha/2}\frac{\sigma}{\sqrt{n}}$。

区间估计在实际生活中十分常见，即使不懂算法原理也经常会用到。例如，预估明天的气温，一般来说会说气温在30℃左右或30℃~35℃，很少会说31.5℃。如果加上概率，则会说"明天气温90%的概率在30℃～35℃"。

下面用一个示例介绍区间估计的计算。假设果园里有一片桃树，随机测量了49个桃子，平均直径为56mm，标准差为10mm，设定置信水平在95%时计算桃子可能的真实平均直径区间，计算公式为$\bar{x} \pm z\frac{\sigma}{\sqrt{n}}$。目前已知样本均值$\bar{x}=56$，由标准正态分布表可知，在95%置信水平下系数$z=1.96$、标准差$\sigma=10$、$n=49$，则桃子在95%的置信水平下真实平均直径区间为（53.2mm,58.8mm）。

2.2.3 假设检验

假设检验（Hypothesis Testing）是一种统计推断方法，用于判断样本与样本、样本与总体的差异是由抽样误差引起的，还是本质差别造成的。在假设检验中，关键问题有两个：一方面，在原假设成立的情况下，如何计算样本值或某一极端值发生的概率；另一方面，如何界定小概率事件。

1．基本思路

假设检验的基本思路如下：

① 对总体参数值提出假设，又称作原假设；

② 利用样本数据提供的信息验证提出的假设是否成立（即统计推断的过程）。

如果样本数据提供的信息不能证明原假设成立，则应拒绝原假设；反之，如果样本数据提供的信息不能证明原假设不成立，则不应拒绝原假设。

在统计学里面定义了一个P值，用来反映某一事件发生的可能性大小。在假设检验中，一般用P值来衡量检验结果。P值表示当原假设为真时所得到的样本观察结果或更极端结果出现的概率。如果P值很小，则说明原假设情况发生的概率很小；反之，根据小概率原理，则可以拒绝原假设。一般来说，P值越小，结果越显著。

注意：检验结果的显著程度是根据P值的大小和实际情况来定的。

假设检验的核心思想是"小概率反证法"，在假设的前提下，估算某事件发生的可能性。如果该事件是小概率事件，通常在一次检验中是不可能发生的，但是却发生了，这时就可以推翻之前的假设，接受备选假设。

例如，对于假设问题"通过抛硬币猜正反面游戏，判断张三是否具备准确猜硬币正反面的能力"。考虑到一般人不具备该能力，因此原假设为"张三不具备该能力"，备选假设为"张三具备该能力"。

在10次抛硬币猜正反面游戏实验中，假定结果为其中9次张三准确猜出正反面。

判断张三是否具备该能力的方法是，若每次猜对正反面的概率是 $(\frac{1}{2})^{10} \approx 0.001$ 概率极低，假定猜对8次，则说明张三具备猜硬币正反面的能力。计算猜对8次及以上的概率为式（2-3）。

$$C_{10}^8 (\frac{1}{2})^8 (\frac{1}{2})^2 + C_{10}^9 (\frac{1}{2})^9 (\frac{1}{2})^1 + (\frac{1}{2})^{10} \approx 0.537 \tag{2-3}$$

因此原假设存在比较显著的差异，用1减P值表示备选假设的置信度，因此拒绝原假设，备选假设成立，即张三具备该能力。

常用的假设检验方法有参数检验（Parameter Test）和非参数检验（Non-Parametric Test）两种。一般来说，参数检验会假设总体服从正态分布，样本统计服从t分布，并对总体分布中的一些未知参数进行统计推断。如果总体分布未知并且样本量较小，无法通过中心极限定理推断出总体的集中趋势和离散趋势，则在这种情况下，可以使用非参数检验。非参数检验不对总体分布进行任何假设，而是直接通过样本分析推断总体分布。参数检验和非参数检验的对比如表2-10所示。

表2-10

比较类型	参数检验	非参数检验
检验对象	总体参数	总体分布、参数
总体分布	正态分布	未知分布
数据类型	连续数据	连续数据或离散数据
检验效率	较高	较低

与参数检验相比,非参数检验的适用范围更广,特别适用于小样本、总体分布未知或偏态、方差不齐,以及混合样本等类型的数据。

2. 参数检验

参数检验是在数据分布已知的情况下,对数据分布的参数是否落在相应范围内进行检验。其中,总体分布是给定的或是假定的,只是其中一些参数的取值或范围未知,分析的主要目的是估计参数的取值,或对其进行某种统计检验。参数检验有两类经典的假设问题,总体均值假设问题和总体比例假设问题。

(1) 总体均值假设问题。例如,根据某果园的统计资料,上一年该果园苹果的平均重量为203克。为判断该果园今年的苹果重量与上一年相比有无显著差异,从该果园中随机抽取300个苹果,测得其平均重量为196克。从样本数据看,上一年的苹果重量比今年的略高,但这种差异可能是由抽样的随机性带来的,即上一年的苹果重量和今年的并没有显著差异。究竟是否存在显著差异?可以先假设上一年的苹果重量和今年的没有显著差异,然后利用样本信息检验这个假设是否成立。

(2) 总体比例假设问题。例如,某厂生产的钢材,按规定该钢材长度不得小于250cm,现从某批钢材中任意抽取50根,发现有3根钢材长度小于250cm。若规定在一批钢材中,钢材长度不合格的比例达到5%就不得出厂,问该批钢材能否出厂?可以先假设该批钢材的不合格率不超过5%,然后用样本不合格率来检验假设是否正确。

参数检验的步骤大致如下:

① 提出原假设H_0和备选假设H_1。H_0表示样本与总体或样本与样本间的差异是由抽样误差引起的;H_1表示样本与总体或样本与样本间存在本质差异。提前设定检验水准α为0.05或0.01。

② 选定统计检验的方法,由样本观测值按相应的公式计算出统计量的大小,根据数据的类型和特点,可分别选用单样本t检验、F检验、独立样本t检验、配对样本t检验和二项分布检验等,如表2-11所示。

表2-11

检验方法名称	问题类型	假设	适用条件	抽样方法
单样本t检验	判断一个总体平均数等于已知数	总体平均数等于A	总体服从正态分布	从总体中抽取一个样本
F检验	判断两总体方差相等	两总体方差相等	总体服从正态分布	从两个总体中各抽取一个样本

续表

检验方法名称	问题类型	假　设	适用条件	抽样方法
独立样本t检验	判断两总体平均数相等	两总体平均数相等	（1）总体服从正态分布 （2）两总体方差相等	从两个总体中各抽取一个样本
配对样本t检验	判断指标实验前后平均数相等	指标实验前后平均数相等	（1）总体服从正态分布 （2）两组数据是同一实验对象在实验前后的测试值	抽取一组实验对象，在实验前测得实验对象某指标的值，进行实验后再测得实验对象该指标的值
二项分布检验	随机抽样实验的成功概率的检验	总体概率等于P值	总体服从二项分布	从总体中抽取一个样本

③ 根据统计量的大小及其分布，确定检验假设成立的可能性P值的大小并判断结果。若$P > \alpha$，结论为按α所取水准不显著，不拒绝原假设H_0，即认为差别很可能是由抽样误差造成的，在统计上不成立；如果$P \leqslant \alpha$，结论为按α所取水准显著，拒绝原假设H_0，接受备选假设H_1，认为此差别不大，可能仅由抽样误差所致，故在统计上成立。

参数检验在实际中应用非常广泛，为了更好地理解参数检验，下面通过示例介绍参数检验的基本思路和方法，如表2-12所示。

表2-12

问　题	设定某学校的男生身高符合正态分布，从该校中随机抽样49名男生，他们的平均身高为168cm，标准差为15cm，问在显著性水平为0.05下，是否可以认为该校男生的平均身高为170cm？通过抽样样本（49名男生）均值去推断总体均值（所有男生）
原假设H_0	在显著性水平为0.05下，该校男生的平均身高为170cm
备择假设H_1	在显著性水平为0.05下，该校男生的平均身高不为170cm

设该校男生的身高为X，符合正态分布，即$X \sim N(\mu, \sigma^2)$，样本均值为$\bar{X}$、样本标准差为S，需检验假设，即$H_0: \mu = 170$，$H_1: \mu \neq 170$。由于σ^2未知，因此可以采用t检验，当原假设H_0为真时：

统计量$t = \frac{\bar{X} - \mu_0}{S/\sqrt{n}} = \frac{\bar{X} - 170}{S/\sqrt{n}} \sim t(n-1)$，拒绝域为$|t| = \frac{|\bar{X} - 170|}{\frac{S}{\sqrt{n}}} \geqslant t_{\frac{\alpha}{2}}(n-1)$。

由于$n = 49$，$\bar{X} = 168$，$S = 15$，$t_{0.025}(48) \approx 2.01$（查询$t$检验临界值分布表得来的），可计算$|t|$：

$$|t| = \frac{|\bar{X} - 170|}{\frac{S}{\sqrt{n}}} = \frac{|168 - 170|}{15/7} \approx 0.93$$

$0.93 < 2.01$

因此可以接受原假设H_0，认为在显著性水平为0.05下，该校男生的平均身高为170cm。

3．非参数检验

非参数检验：对总体分布形式所知甚少，需要对未知分布函数的形式及其他特征进行假设检验。参数检验是针对参数做的假设，非参数检验是针对总体分布情况做的假设，二者的根本区别在于参数检验要用到总体的信息，以总体分布和样本信息对总体参数进行推断，非参数检验则无须利用总体的信息。

非参数检验的检验方法相对较多，但是这些方法是有共性的，基本的思想比较相似，考虑到非参数检验未知总体分布，因此可以通过排秩（排序或相对大小）的方法规避不是正态分布的问题，用抽样样本的排序情况推断总体的分布情况。例如，从已知有序的数值序列中随机抽取几个数值，若抽样数值是降序排列的，则可以估计总体也符合降序排列。非参数检验的部分检验方法如图2-8所示。

图2-8

以二项分布检验为例，假设检验问题为某水生植物在我国河流中的覆盖率是否达到30%（5%显著性水平），通过在国内各个河流中抽样，发现总抽样的121个河流中有48个河流发现了该水生植物的存在。

因此设定原假设H_0为该水生植物在我国的河流中覆盖率未超过30%，设定备选假设H_1为该水生植物在我国的河流中覆盖率已超过30%。若原假设H_0成立，则该覆盖率的总体是一个伯努利分布，因此总体均值为0.3，方差为$p(1-p) = 0.3 \times 0.7 = 0.21$，标准差约为0.46，无须基于样本的方法进行估计。

根据中心极限定理，样本的均值分布符合正态分布，即此样本的均值等于总体的均值，即0.3，而此正态分布的标准差为总体标准差$0.3/\sqrt{121} \approx 0.027$。而实际抽样的情况是样本均值为$\frac{48}{121} \approx 0.3967$，由此可计算出统计量：$z = \frac{0.3967 - 0.3}{0.027} = 3.58$。查询标准正态分布表单侧0.05的$z$值结果为 1.65，因此拒绝原假设 H_0。

参数检验的效果要优于非参数检验，因此当数据符合参数检验的条件时，建议优先采用参数检验。如果数据条件适当，则可以将数据转换为正态分布的序列；如果数据条件不适当，则采用非参数检验。两者的优/劣势对比如表 2-13 所示。

表 2-13

优/劣势	参数检验	非参数检验
优势	（1）对数据的利用比较充分； （2）统计分析的效率比较高	（1）对数据的要求相对较低，不受分布、变量类型等影响
劣势	（1）对数据本身有要求； （2）适用范围有限	（1）检验效率相对较低； （2）对数据的利用不充分

2.3 数据分析

数据分析是设计机器学习算法模型的准备性工作。数据分析是一种统计方法，通过多个维度或角度呈现数据的关系或趋势，可以通过一些几何图形方法展示分析的结果，辅助揭示不同数据之间的关系。数据分析的本质依然是理解数据，为决策提供数据依据。

2.3.1 基本理念

在很多年前，在数据分析领域有个有趣的榨菜指数，它通过涪陵榨菜在全国的销量情况，分析出人口迁徙情况。榨菜指数的理论依据有两个：一方面，榨菜属于经济学中的低值易耗品，人均收入的增长与榨菜的消费没有直接关系。假定没有人口流动，则榨菜在各省市的销量是相对稳定的；另一方面，通过统计发现，一个省市的涪陵榨菜的销量与其外来务工人员的数量呈正相关关系。

或许随着消费水平的变化，榨菜指数已经逐渐失效，不再是一种绝对科学规范的分析方法，但其隐藏的是数据之间的潜在关系。类似的指数有啤酒气象指数、汉堡指数、扑克指数、口红指数等，它们都可以用来揭示数据背后之间的关系。

早期的数据分析方法大多是借助简单的工具，结合统计理论、数据挖掘等方式实现对数据的分析，例如 Excel 中的统计分析。总之，数据分析是将数据整合为信息，再将信息转变为知识，底层依赖数学理论基础、丰富的行业经验及计算机工具。

数据分析的目的是集中分析、理解隐藏在大量看似杂乱无章的数据中的信息，找出研究对象的内在规律。在实践中，数据分析既可以帮助决策者或者系统做出判断，也可以辅助机器学习算法进行特征理解。

2.3.2 体系结构

数据分析是理解数据的重要一步，根据分析的目的，可以把数据分析分为探索性数据分析、定性数据分析和定量数据分析；根据分析的服务类型，可以把数据分析分为在线数据分析和离线数据分析。非专业技术领域和技术领域对于数据分析的定义并不相同，本书暂且将非专业技术人员使用的数据分析称之为传统数据分析，传统数据分析和数据挖掘结合在一起形成了完整的数据分析，如图2-9所示。

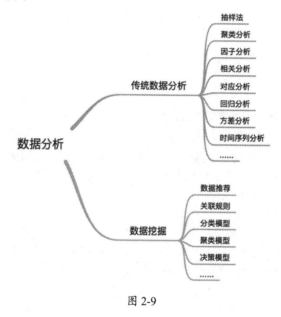

图 2-9

从图 2-9 可知，数据分析包含两部分，一部分是以指标统计量为输出的传统数据分析，即对收集来的数据进行处理与分析，提取有价值的信息，发挥数据的作用，得到一个特征统计量结果；另一部分是以模型或规则为输出的数据挖掘，从大量的、不完全的、有噪声的、模糊的、随机的实际数据中，通过应用数据推荐、关联规则、分类模型、聚类模型和决策模型等技术，挖掘数据的潜在价值。

传统数据分析更注重分析，而当前广义的数据分析则囊括了数据挖掘的范畴，传统数据分析更关注的是结果，现在的数据分析更关注的是价值，数据分析和数据挖掘的边界已经逐步趋于融合，尤其是在实际工作中，大多数数据分析工程师的工作职责实则已包含数据挖掘。

2.3.3 传统数据分析方法与示例

1. 传统数据分析的基本方法

传统数据分析相对容易理解，大致可以总结为八种常用的分析方法，如表 2-14 所示。

表 2-14

分析方法	介 绍
抽样法（Sampling Analysis）	抽样法是最基础的数据分析方法，包括系统抽样、分层抽样、整体抽样等
聚类分析（Cluster Analysis）	聚类分析是指将物理或抽象对象的集合分组成由类似的对象组成的多个类的过程。在聚类分析中，使用不同的方法常常会得出不同的结论。不同的研究人员对同一组数据进行聚类分析后，得到的聚类数未必一致。常见的聚类分析方法有系统聚类法、快速聚类法、两步聚类法等
因子分析（Factor Analysis）	因子分析是指研究从变量群中提取共性因子的统计技术，亦可在许多变量中找出隐藏的具有代表性的因子。将相同本质的变量归入一个因子，既可减少变量的数目，也可检验变量间关系的假设。因子分析是一种降维、简化数据的技术。它通过研究众多变量之间的内部依赖关系，使用少数几个"抽象"的变量来表示其基本的数据结构
相关分析（Correlation Analysis）	相关分析是研究两个或两个以上处于同等地位的随机变量间的相关关系的方法，例如人的身高和体重之间、空气中的相对湿度与降雨量之间的相关关系都是相关分析可研究的问题。相关分析的方法包括二元变量相关分析、偏相关分析、距离相关分析等
对应分析（Correspondence Analysis）	对应分析也称关联分析、R-Q 型因子分析，是近几年新发展起来的一种多元相依变量统计分析技术，通过分析由定性变量构成的交互汇总表来揭示变量间的联系。对应分析法可以揭示同一变量的各个类别之间的差异，以及不同变量各个类别之间的对应关系
回归分析（Regression Analysis）	回归分析指的是确定两种或两种以上变量间相互依赖的定量关系的方法。回归分析是一种预测性的建模技术，它研究的是因变量和自变量之间的关系，这种技术通常用于预测分析
方差分析（ANOVA/Analysis of Variance）	方差分析是一种假设检验的方法，通过分析研究不同来源的变异对总变异的贡献大小，从而确定可控因素对研究结果影响的大小。由于受各种因素的影响，研究所得的数据呈现波动状。造成波动的原因可分成两种，一种是不可控的随机因素，另一种是在分析中施加对结果形成影响的可控因素
时间序列分析（Time Series Analysis）	时间序列分析是一种根据动态数据揭示系统动态结构和规律的统计方法，根据系统的有限长度的运行记录（观察数据），建立能够比较精确反映序列中所包含的动态依存关系的数学模型，并借以对系统的未来进行预报

上述是常用的传统数据分析方法，除此之外，在不同的行业或者细分领域还有其他数据分析方法，它们都是为解决某一类问题而产生的。

2. 聚类分析方法应用示例

本示例基于最短距离法对数值进行聚类，属于传统数据分析中非常易于理解的示例。假定有一维样本数据：1、2、5、7、9、10，下面用最短距离法对这组样本数据进行聚类，步骤如下。

第一步，把数值相减的绝对值作为距离，通过计算两两之间的距离得到如表 2-15 所示的距离矩阵。

表 2-15

	1	2	5	7	9	10
1	0	1	4	6	8	9
2	1	0	3	5	7	8
5	4	3	0	2	4	5
7	6	5	2	0	2	3
9	8	7	4	2	0	1
10	9	8	5	3	1	0

第二步，将距离最短的样本合并为一个新的样本。例如，样本"1"和"2"、样本"9"和"10"的距离均为 1，因此可以分别合并为一个新样本。对于新样本，依然选择最短距离进行距离矩阵计算。合并后的样本数据之间的距离矩阵如表 2-16 所示。

表 2-16

	{1,2}	5	7	{9,10}
{1,2}	0	3	5	7
5	3	0	2	4
7	5	2	0	2
{9,10}	7	4	2	0

第三步，可以发现样本"5"和"7"、"{9,10}"和"7"的距离最小为 2，因此将"5"和"7"合并，但是由于样本"{9,10}"和"7"也是距离最小的样本，因此把"5"、"7"、"{9、10}"合并为新样本"{5,7,{9,10}}"，然后继续对新样本进行距离矩阵计算。二次合并后的样本数据之间的距离矩阵如表 2-17 所示。

表 2-17

	{1,2}	{5,7,{9,10}}
{1,2}	0	3
{5,7,{9,10}}	3	0

由于表 2-17 中仅剩下两个样本{1,2}、{5,7,{9,10}}，因此最终将两者合并即可得到最终的样本"{{1,2},{5,7,{9,10}}}"，至此样本聚类过程结束。

在上述过程中，也可以约定当聚类的数量达到一定量之后即可终止，聚类的数量可根据实际情况进行定义。例如，在上例中如果将样本"1、2、5、7、9、10"聚类为两部分，则分别是{1,2}与{5,7,9,10}。

2.3.4 基于数据挖掘的数据分析方法与示例

基于数据挖掘的数据分析方法的基本思路和原理来源于传统数据分析方法，只是技术手段不同。基于数据挖掘的数据分析方法与传统数据分析方法相比，在数据层面已有一些差异，例如，数据挖掘中使用的数据可能是有噪声的、非结构化的、量级更大的。除此之外，传统数据分析方法一般都是先给出一个假设，然后通过数据验证，在一定意义上是假设驱动的；与之相反，基于数据挖掘的数据分析方法在一定意义上是发现驱动的，模式都是通过大量的搜索工作从数据中自动提取出来的。

1. 方法介绍

基于数据挖掘的数据分析方法如表 2-18 所示，它们均是需要通过大量的数据运算或机器总结规律的方式进行的数据分析方法。

表 2-18

分析方法	介 绍
分类模型	按照某种指定的属性特征将数据归类。需要确定类别的概念描述，并找出类判别准则。分类的目的是获得一个分类函数或分类模型，该模型能够把数据集合中的数据项映射到某一个给定类别。常见的分类算法包括朴素贝叶斯、支持向量机、K 近邻算法等
聚类模型	通过模型的方式对具有共同趋势或结构的数据进行分组，将数据项分组成多个簇（类），簇与簇之间的数据差别应尽可能大，簇内的数据差别应尽可能小，即"最小化簇间的相似性，最大化簇内的相似性"。典型的聚类模型包括 K-Means、K-Medoids、DBSCAN 等
关联规则	关联分析的目的是找出数据集合中隐藏的关联网，是离散变量因果分析的基础。可以反映事件或物品之间依赖或关联的知识称为关联型知识。典型的关联规则算法包括 Apriori 关联算法、FP-growth 关联算法等
数据推荐	基于历史数据分析情况，给予相关的数据，在电商、广告、信息流中被广泛应用，通过推荐用户感兴趣的商品，提升商品销售额。典型的数据推荐算法包括基于内容的推荐、基于协调过滤的推荐等
决策模型	决策模型类似于分类模型，一般指从若干可能的方案或者选项中通过决策分析技术，如期望值法或决策树法等，选择其一的决策过程的定量分析方法。经典的决策算法包括 ID3 算法、C4.5 算法等

当然，随着各类技术的不断突破，数据分析的定义范畴已经越来越广泛，数据分析的方法也变得更加丰富，甚至会采用深度学习的方式。

2. 基于关联规则挖掘的应用示例

关联规则挖掘是一种基于规则的机器学习算法，它利用一些度量指标来判断数据中存在的隐藏规则。关联规则挖掘可以很好地用于知识发现，属于比较典型的无监督机器学习方法。

Apriori 算法是关联规则挖掘中的经典算法，应用非常广泛，例如，超市商品关联分析、消费习惯分析等。它利用频繁项集的先验知识，不断按照层次进行迭代，计算数据集中所有可能的频繁项集，主要包括两个核心部分的分析：根据支持度找出频繁项集，根据置信度产生关联规则。其中，频繁可以理解为数据的频率，所筛选出的项集频率不得低于支持度。如果满足最小支持度的频繁项集中包含 k 个元素，则被称作频繁 k 项集。

例如，某公益书店为了鼓励大家阅读，希望从读者的历史借阅记录中发现某些图书之间的关系，然后尽可能使相关图书靠得更近，从而间接提升大家的阅读积极性。现有部分借阅记录如图 2-10 所示。

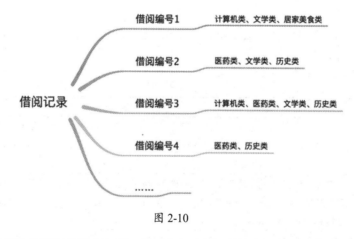

图 2-10

对图 2-10 所示的借阅记录进行扫描，并对每一个类别的图书进行频率计数，得到候选项集 C_1，并计算支持度，如表 2-19 所示。

表 2-19

候选项集 C_1	支 持 度
计算机类	0.5
文学类	0.75
居家美食类	0.25
医药类	0.75
历史类	0.75

设定候选项集的最小支持度为 0.5，通过对候选项集 C_1 与最小支持度进行比较，可以筛选出低于最小支持度的"居家美食类"，得到频繁项集 L_1，如表 2-20 所示。

表 2-20

频繁项集 L_1	支持度
计算机类	0.5
文学类	0.75
医药类	0.75
历史类	0.75

对频繁项集 L_1 的不同图书类别进行相互连接，可形成新的候选项集 C_2，如表 2-21 所示。

表 2-21

候选项集 C_2	支持度
计算机类、文学类	0.5
计算机类、医药类	0.25
计算机类、历史类	0.25
文学类、医药类	0.5
文学类、历史类	0.5
医药类、历史类	0.75

依然对候选项集 C_2 进行最小支持度的过滤，过滤掉"计算机类、医药类"和"计算机类、历史类"，产生如表 2-22 所示的频繁项集 L_2。

表 2-22

频繁项集 L_2	支持度
计算机类、文学类	0.5
文学类、医药类	0.5
文学类、历史类	0.5
医药类、历史类	0.75

重复上述构建候选项集和频繁项集的过程，并结合最小支持度，得到最终频繁项集 L，如表 2-23 所示。

表 2-23

频繁项集 L	支持度
医药类、历史类、文学类	0.5

至此，我们就通过关联规则找出了频繁项集，即该公益书店可以将医学类、历史类、文学类的书放到同一区域。

上述过程介绍了 Apriori 算法的基本思路，如果是其他应用场景，则有可能需要输出强关联规则。针对此例中频繁项集L的非空子集{医药类}、{历史类}、{文学类}、{历史类、文学类}、{医药类、文学类}、{医药类、历史类}，强关联规则的计算规则如表 2-24 所示。

表 2-24

规 则	置 信 度
{医药类}⇒{历史类、文学类}	$p(\{历史类、文学类\}|\{医药类\}) = \dfrac{支持度(\{医药类、历史类、文学类\})}{支持度(\{医药类\})} = \dfrac{0.5}{0.75} \approx 0.67$
{历史类}⇒{医药类、文学类}	$p(\{医药类、文学类\}|\{历史类\}) = \dfrac{支持度(\{医药类、历史类、文学类\})}{支持度(\{历史类\})} = \dfrac{0.5}{0.75} \approx 0.67$
{文学类}⇒{医药类、历史类}	$p(\{医药类、历史类\}|\{文学类\}) = \dfrac{支持度(\{医药类、历史类、文学类\})}{支持度(\{文学类\})} = \dfrac{0.5}{0.5} \approx 0.67$
{历史类、文学类}⇒{医药类}	$p(\{医药类\}|\{历史类、文学类\}) = \dfrac{支持度(\{医药类、历史类、文学类\})}{支持度(\{历史类、文学类\})} = \dfrac{0.5}{0.5} = 1.0$
{医药类、文学类}⇒{历史类}	$p(\{历史类\}|\{医药类、文学类\}) = \dfrac{支持度(\{医药类、历史类、文学类\})}{支持度(\{医药类、文学类\})} = \dfrac{0.5}{0.5} = 1.0$
{医药类、历史类}⇒{文学类}	$p(\{文学类\}|\{医药类、历史类\}) = \dfrac{支持度(\{医药类、历史类、文学类\})}{支持度(\{医药类、历史类\})} = \dfrac{0.5}{0.75} \approx 0.67$

若定义 75%的置信度，则强关联规则仅输出两项，即"{历史类、文学类}⇒{医药类}"和"{医药类、文学类}⇒{历史类}"，而"{医药类、历史类}⇒{文学类}"不是输出的强规则。

至此，用 Apriori 算法实现关联规则挖掘的流程全部结束。Apriori 算法需要生成大量的候选项集，每次生成频繁项集的同时都要生成候选项集，并且需要一直迭代重复的扫描事物数据来计算支持度，因此效率较低。在应用过程中，通常会基于不同的条件采用 Apriori 算法的衍生版。

2.3.5 工作流程

数据分析是一种有方法、有目的地收集和分析数据并将其转化为信息的过程，其工作流程可分为两方面。一方面是从业务的角度形成的业务流程；另一方面是从技术实施的角度形成的技术实施流程。数据分析工作流程如图 2-11 所示。

（1）需求分析：数据分析中的需求分析是整个分析环节的第一步，也是最重要的步骤之一，它决定了后续分析的方向和方法。需求的内容来自业务部门、市场运营部门或其他部门，对他们提出的需求进行需求分析和技术可行性分析等。

图 2-11

（2）数据获取：数据是数据分析工作的基础，数据获取是根据需求分析的要求提取、收集数据。部分数据来自业务沉淀的历史记录，部分业务需求可能需要通过爬虫抓取非本地数据等。

（3）数据预处理：数据预处理是指对数据进行数据合并、数据清洗、数据标准化和数据变换，使得整体数据变得干净、整齐。

（4）分析与建模：分析与建模是指通过对比分析、分组分析、交叉分析、回归分析等分析方法，以及聚类模型、分类模型、关联规则、数据推荐等发现数据中有价值的信息，并得出结论的过程。

（5）模型评价与优化：模型评价是指对已经建立的一个或多个模型，根据其模型的类别，使用不同的指标评价其性能优劣的过程。模型不同，类别评价方式也不同。若业务场景不同，则评价指标也不同。

（6）部署：部署是指将数据分析结果与结论应用至实际生产系统的过程，以便长期在业务部门使用。

从技术实施的角度来看，基于数据挖掘的数据技术实施流程较为复杂，大体可以分为建模流程和模型验证流程。

（1）建模流程。首先将获得的原始数据整理划分为训练数据、验证数据和测试数据，然后建立模型、训练模型，最后输出模型文件或模型表达式。

（2）模型验证流程。基于测试数据对模型文件或模型表达式进行评估验证，若验证未通过，则不断重复建立模型、训练模型、验证模型的流程。

数据挖掘的技术实施流程属于机器学习模型，详细的研发流程可参见本书第 4 章。

2.3.6 数据分析技巧

1. 分析的理论方法

前文提到的传统数据分析和数据挖掘都属于技术方法，但是在实际进行数据分析过程中，还涉及如何分析的问题。例如，如何使数据分析的逻辑符合需求方对它的理解等。

理论方法是从宏观出发，从管理和业务的角度提出分析框架，指导具体的数据分析方向。较为经典的分析方法有 5W2H 分析法、PEST 分析法、SWOT 分析法、4P 理论等，如表 2-25 所示。

表 2-25

分析方法	介 绍
5W2H 分析法	5W2H 分析法主要从 Why、When、Where、What、Who、How、How much 这七个维度分析问题
PEST 分析法	PEST 分析法从政治（Politics）、经济（Economy）、社会（Society）、技术（Technology）这四个方面分析内外环境
SWOT 分析法	SWOT 分析法从优势（Strength）、劣势（Weakness）、机遇（Opportunity）、威胁（Threat）这四个方面分析内外环境
4P 理论	4P 理论属于经典营销理论，认为产品（Product）、价格（Price）、渠道（Place）和促销（Promote）是影响市场的重要因素

不同的分析方法适用不同的分析场景，当然，这些分析方法已经在一些非数据分析领域得到了广泛应用，对数据分析领域有较好的借鉴作用。一份完整的数据分析报告，应不仅仅是简单的数值呈现，而是包含系统的分析体系和可靠的数据结论支撑，这样才能获得更多的认可。

以 5W2H 分析法为例，假定某超市连续出现业绩亏损，已知客户的历史购买记录、商品的采购记录等基础数据，现通过 5W2H 分析法分析业务下滑的原因及改进的有效措施，分析角度如表 2-26 所示。

表 2-26

类 型	分析角度示例
Why	（1）为什么要进行效果改进 （2）为什么这样的改进是有效的
When	（1）何时业绩出现下滑 （2）何时业绩出现转变，何时实现盈利 （3）多久客户才会再次购买
Where	（1）哪个环节出现了问题，货源问题还是商品定价问题 （2）用户的小区位置是否有所影响
What	（1）超市需要提供什么样的产品和服务

续表

类型	分析角度示例
Who	（1）由谁对这些改进方法负责，运营部门、采购部门或财务部门 （2）在客户群中，哪些才是真正的核心客户
How	（1）如何针对当前问题进行改进，改进方案有哪些 （2）客户是如何完成一次商品选择和购买的
How Much	（1）需要额外支出多少成本完成这次整改 （2）一个季度之后预计会有多少盈利空间

从数据的角度，可以通过一些数据结论支撑 5W2H 分析法，例如，通过"超市成本数据分析、收入、成本、亏损额等"说明"为什么要进行效果改进"，从"历年、历月业绩数据对比情况、均值差异等"说明"何时业绩出现下滑"等。当通过完整的数据支撑 5W2H 分析法之后，会形成完整的、有一定说服力的分析报告。

2．分析的思考角度

前面介绍了宏观的分析方法，但在数据分析过程中，依然需要相当的数据敏感度。敏感度的差异归根结底是思考角度不一致导致的。笔者总结了部分思考角度和场景问题，如表 2-27 所示。

表 2-27

思考角度	描述	场景问题
关注目标	一切围绕目标进行数据分析，过程不偏不倚，直击目标	（1）问题的原因能否得到解答 （2）该数据与目标的关系如何
成就客户	理解客户的真实意图，站在客户的角度理解数据，数据分析不是简单地实现一个功能	（1）客户的真实需求是什么 （2）我的数据能不能解决客户的问题
理解数据链	理解数据之间的关系，而非简单独立分析	（1）我们需要什么样的数据，解决什么样的问题
事无巨细	持续挖掘隐藏在数据背后的真相，直到无法持续挖掘为止	（1）问题的根本原因是什么 （2）表面现象背后的原因是什么
求同求异	分析数据的共同特征和不同特征，理解数据的共性和异性对结果产生的影响	（1）目前数据的整体表现如何 （2）数据潜在的变化是什么

上述仅仅是一些总结，我们需要通过不断地积累和沉淀，才能逐步完善数据分析的思考角度，甚至根据不同的业务场景整理总结出不同的思考角度。

3．存在的误区

在数据分析过程中难免存在一些误区，导致在数据分析过程中产生差异。比如，初学者有时候会认为数据分析需要大量的数据，其实不然，业务场景不同及分析难易程度也会决定数据的依赖，数据分析中常见的思考误区如表 2-28 所示。

表 2-28

误区问题	应该思考的方向
这张曲线图真好看，怎么做的？需要哪些数据填充到该图表上	数据变化的背后真相是什么？切勿本末倒置，数据是关键，图只是呈现方式
这些数据可以做什么样的分析，把能分析的都分析了吧	从哪些角度分析数据会更加系统？应该从系统方法论的角度去做事情，不做无用功
很多数据分析方法都可以用在这个数据上，有都试试	用什么分析方法最有效，各个分析方法应当有它们的适用场景，尝试应该是有依据可行的
数据分析的内容太多，需要做多少张图表	能否用最简洁便捷图表达有效的观点，不要关注图表数量的多少，重要的是观点要足够有说服力
除了为数据添加文字说明外，还需说什么	数据分析的目的达到了吗？还需要从哪些方面表达观点
数据分析报告要写多少页	数据分析报告有说服力吗？数据分析过程是否有纰漏、观点是否足够明确、能否形成决策指南等

上述仅是比较浅显的误区，在实际工作中还会遇到更多的思考误区，我们应尽量避开误区，以业务目标为导向来呈现一份数据分析报告。此外，在数据分析过程中，还存在以下三类比较常见的现象。

（1）过多的重视算法模型设计。正所谓"巧妇难为无米之炊"，算法是"炊"，数据本身和数据特征是"米"，优秀的算法固然重要，但是如果能够通过大量数据解决的，则可以尝试从数据层面解决，而非固执在算法层面。拥有大量的样本数据和有效的数据特征提取是解决问题的方法之一，把过多的精力集中在算法模型本身，效果可能并不明显，且成本非常高。

（2）过于坚信模型是有效的。模型是建立在当前数据基础之上的，仅对当前样本数据有效。模型在线上使用后，线上的环境会逐渐发生变化，因此应该从数据的差异性变化开始，逐步考虑迭代新版本的模型，在模型和数据层面都适当调整，尤其是涉及线上划分地域、时效等相关的业务。

（3）忽视了数据分析的基础平台。数据分析是算法工程师或数据工程师的基础工作之一，做数据分析的基础平台是数据分析师需要关注的，高性能的数据分析平台不仅可以提升效率，效果也更好。技术管理者应当重视数据分析平台，甚至可以尝试推动数据分析平台的建设。

2.3.7 数据可视化

数据可视化可以使数据结论更有效地呈现。可视化的过程通常被认为是一个生成图形图像的过程,实际上是数据的表达过程。数据可视化一方面可以形成对某个数据的感知,另一方面可以用图像强化对认知的理解。

有实验表明,人类视网膜能以大约 10Mb/s 的速度传达信息,而听觉、触觉等信息传递速度远低于视觉。因此通过可视化的方式,能够使得众多信息在尽可能短的时间内传达给受众,清晰简单的可视化效果会使数据结论更具说服力。

1. 可视化图表

可视化图表的类型非常多,除了传统的饼图、柱状图、折线图等,还有气泡图、面积图、省份地图、词云、瀑布图、漏斗图等,甚至还有 GIS 地图。这些种类繁多的图形可以满足不同的展示和分析需求。

表 2-29 是柱状图、饼图、折线图、散点图的优点、缺点、适用数据和适用场景的简述,它们是最常用的可视化图表。

表 2-29

图类型	优点	缺点	适用数据	适用场景
柱状图	直观呈现数据的高低差异	若比较的项过多,会导致视觉凌乱	单维度简单数据的对比	少量二维数据可视化
饼图	直观呈现各类数据的比例,强调比例关系	数据的细分度不够,尤其是分类较多时	有整体比较意义的少量数据	单维度各项指标占总体的比例分布
折线图	简单、直观地展示数据的变化趋势	当数据集太少时,显示不够直观	时间序列数据、关联性数据等	场景数据存在关联性且需要展现变化趋势
散点图	能够直观反映数据的集中情况,也可辅助离散数据	可量化性较弱,适配场景有限	有离散值的数据	二维离散数据的比较

上述大部分是静态数据的可视化,在一些复杂领域,可能还会涉及动态数据的可视化。例如,呈现数据的形成和变化过程与时间的关系。除此之外,还有网络图的可视化、时空数据可视化、多维数据可视化等。

2. 可视化的选择

在一个复杂的数据理解中,选择一个合适的可视化图表非常重要,简单的柱状图、饼图、折线图、散点图不能覆盖完整的场景选择。图 2-12 展示了在数据可视化过程中图表选择的一般方法。

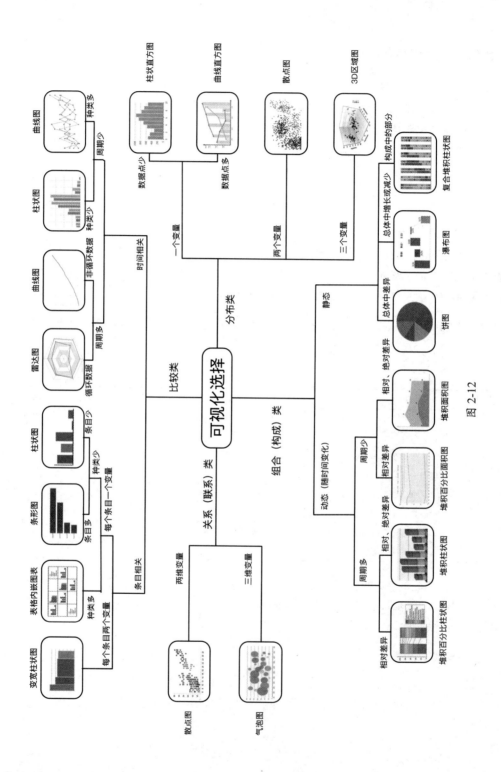

图 2-12

2.4 小结

本章首先介绍了数据描述的三个基本维度，包括集中趋势、离散趋势和分布形态。然后介绍了数据统计推论的基本方法，包括抽样分布、参数估计和假设检验，重点介绍了数据分析的基本方法，技术上包括传统数据分析和数据挖掘两种形式，同时介绍了数据分析中的技巧和误区。最后介绍了数据的可视化。数据的理解应建立在数据本身基础之上，因此强化对数据的理解，是能够有效开展机器学习工作的前提。

参考文献

[1] HADSELL R, CHOPRA S, LECUN Y. Dimensionality reduction by learning an invariant mapping[C]//2006 IEEE Computer Society Conference on Computer Vision and Pattern Recognition (CVPR'06). IEEE, 2006, 2: 1735-1742.

[2] 王利民, 刘佳, 姚保民, 等. 样本正态分布对降低空间抽样数量的重要性[J]. 中国农学通报, 2019, 35(20) :150-157.

[3] 丁立顺. 基于卷积神经网络的图像复杂度研究与应用[D]. 徐州：中国矿业大学,2019.

[4] 石洪波, 刘焱昕, 冀素琴. 基于安全样本筛选的不平衡数据抽样方法[J]. 模式识别与人工智能, 2019,32(06):545-556..

[5] 周建伟. 不平衡数据的下采样方法研究[J]. 计算机与数字工程, 2019, 47(9):2155-2160.

[6] 孙慧钧. 统计指数的点估计与区间估计[J]. 统计研究 1993(01):62-63.

[7] 孙慧玲, 胡伟文, 刘海涛. 小样本情况下参数区间估计的改进方法[J]. 哈尔滨理工大学学报,2017,22(01):109-113.

[8] 傅莺莺, 田振坤, 李裕梅. 方差分析的回归解读与假设检验[J]. 统计与决策, 2019,35(08):77-80.

[9] 李金昌. 假设检验的逻辑[J]. 中国统计, 2019(05):18-20.

[10] 王晶, 刘彭. 参数假设检验中统计量的选取问题[J]. 高师理科学刊, 2019, 39(04): 55-58.

[11] 郭雅静. 基于非参数方法的异方差估计研究[D]. 太原：山西大学, 2019.

[12] 唐兴芸, 罗明燕. 多样本尺度参数的非参数检验[J]. 科技风, 2019(06):35+44.

[13] 王万良, 张兆娟, 高楠, 等. 基于人工智能技术的大数据分析方法研究进展[J]. 计算机集成制造系统, 2019,25(03):529-547.

[14] 邢璐, 骆南峰, 孙健敏, 等. 经验取样法的数据分析:方法及应用[J]. 中国人力资源开发, 2019,36(01):35-52.

[15] 秦争艳. 探究大数据分析挖掘技术及其决策应用[J]. 信息通信, 2019(11):176-177.

[16] 蔡萌萌, 张巍巍, 王泓霖. 大数据时代的数据挖掘综述[J]. 价值工程, 2019,38(05):155-157.

[17] 马琳, 董智鹤, 夏嵩, 等. 数据挖掘技术综述浅析[J]. 数字技术与应用, 2019,37(10):230-231.

[18] 左圆圆, 王媛媛, 蒋珊珊, 等. 数据可视化分析综述[J]. 科技与创新, 2019(11):82-83.

[19] 彭燕妮, 樊晓平, 赵颖, 等. 时间事件序列数据可视化综述[J]. 计算机辅助设计与图形学学报, 2019,31(10):1698-1710.

[20] 鄢敏, 付海彦. 数据可视化应用前景[J]. 电子技术与软件工程, 2019(02):173.

[21] 王闻仪. 数据可视化设计的应用研究[J]. 设计, 2019,32(07):48-50.

[22] 孙允午. 统计学——数据的搜集, 整理和分析[M]. 上海: 上海财经大学出版社,2006.

第 3 章
数据处理与特征

第 2 章从数据描述、统计推论、数据分析的角度带领我们对数据进行了基础理解。想要做到对数据深度的理解,还需要深入到特征的层次。数据处理和特征与数据分析、传统机器学习、深度学习密不可分,更好的数据处理和特征提取可以使数据分析、传统机器学习、深度学习达到更好的应用效果。

3.1 数据的基本处理

3.1.1 数据预处理

在实际工作中,数据通常是不完整和不一致的,我们无法直接对脏数据进行分析或挖掘,即使不断完善模型,算法的最终结果也不能令人满意。为了提升数据质量,节省时间,我们需要对数据做一些准备性工作,如果数据本身存在缺陷,则再好的模型也不能解决实际问题。

1. 数据预处理的组成

数据预处理(Data Preprocessing)工作在整个机器学习业务流程中的大致位置如图3-1所示。

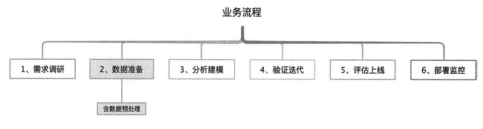

图 3-1

数据预处理的主要步骤有数据清洗、数据集成、数据规约和数据变换,其中数据清洗非常重要,数据集成、数据规约、数据变换在不同的应用场景中方式略有不同。

(1)数据清洗。数据清洗的主要思路是通过填充缺失值、修正噪声数据、平滑或消除异常值来解决数据不一致问题,使数据具备逻辑上的正确性。

(2)数据集成。数据集成是对不同数据源或者不同格式的数据进行整合,使整个数据符合统一的数据要求。

(3)数据规约。数据规约类似于数据精简,在尽可能保持原始数据的情况下,最大限度地减少数据量。在简化的数据集上进行数据分析可以更加高效,但产生的结果应与数据规约之前的结果类似。

(4)数据变换。数据变换是指对数据进行规范化、离散化及稀疏化处理,使数据达到可以进入模型的状态。

虽然在深度学习领域已经不再过多强调特征工程和数据处理的内容，但是对数据的基本处理，尤其是对数据合理性的处理，依然有必要完成。

2．数据质量

数据预处理的目的是提升数据质量，尽可能从数据层面降低对结果的影响。数据质量的评价维度有数据的完整性、数据的唯一性、数据的权威性、数据的合法性和数据的一致性。

（1）数据的完整性。数据内容应当是完整的。例如，应用在股票分析中的数据，每个交易日各个股票的交易信息应当是完整的。

（2）数据的唯一性。数据内容应当仅存在一份非重复的数据，尤其是从不同数据源获取数据时，数据应当是唯一的。例如，购买商品清单中存在多条重复的记录等。

（3）数据的权威性。当数据来自多个数据源时，应当能够形成相应的辅证，而非冲突，否则该数据输出的结论很难具备说服力。

（4）数据的合法性。数据应当受到一些约束或者满足常识。例如，空气温度一般不会超过100℃、公交车的行驶速度不会超过 120km/h 等。

（5）数据的一致性。在不同数据源中，对同一概念的表述可能并不一致，例如"平均速度：100km/h"和"平均速度：100 公里/小时"、"户籍地：上海"和"户籍地：沪"的概念一致，应当统一概念。

3.1.2 数据清洗中的异常值判定和处理

数据清洗（Data Cleaning）是指通过删除、更正数据中错误的、不完整的、格式有误的或多余的数据，使数据具备逻辑上的准确性，不仅可以更正错误，还可以保障来自各个数据源的数据的一致性。从技术角度来看，数据清洗的主要任务集中在对缺失值的处理、对异常值的处理以及对噪声的处理上。

异常值一般是指在总体数据分布区域之外的值，这类值不仅不符合业务规范，而且在实际使用中还会导致数据特征发生偏离，给数据价值带来干扰。从完整的流程上来说，数据清洗首先需要对异常值进行判定，然后进行处理。

1．判定

对于异常值的判定，最简单的方法是根据人们对客观事物等已有的认知，判定实测数据是否偏离正常结果。例如，人的体温一般不会超过 42°。常识是判定异常值的方法之一，除基于常识外,还可以通过数学方法判定是否为异常值,例如统计方法、3σ原则、箱型图等。

以统计方法为例,如果观测值与总体平均值的偏差超过两倍标准差,则认定为异常值。例如,某餐饮消费金额清单如表3-1所示。

表 3-1

时间	1月1日	1月2日	1月3日	1月4日	1月5日	1月6日	1月7日
消费金额	100元	110元	90元	80元	200元	120元	115元

总体来说,日消费的均值在116元左右,标准差在39元左右,理论上用户的消费金额分布应该在$116 \pm 2 \times 39$元,所以200元是异常值。

3σ原则也是判定异常值较好的方法,前提是数据服从正态分布或近似正态分布。当数据服从正态分布时,99%的数值应该距离均值在3个标准差之内,当数值超出这个范围时,则被认为是异常值。

箱型图可以通过可视化的方式呈现异常值,和3σ原则相比,箱型图更直观地表现了数据分布的真实面貌,且对数据没有额外要求。

箱型图以四分位数和四分位数差为基础判断异常值,它定义了上界和下界,小于下界或大于上界的值都属于异常值,上界和下界的计算见式(3-1)和式(3-2)。

$$上界 = Q_3 + 1.5 \text{IQR} \quad (3\text{-}1)$$

$$下界 = Q_1 - 1.5 \text{IQR} \quad (3\text{-}2)$$

其中,Q_3为上四分位数(75%),表示全部观测值中有四分之三的数据取值比它小;Q_1为下四分位数(25%),表示全部观测值中有四分之三的数据取值比它大;IQR即四分位数差($Q_3 - Q_1$);1.5是参数λ,此处取值1.5。

例如,针对序列(1.25, -10, 3.56, 4.81, 7.88, 6.80, 8.82, 10.92, 25, 12.12, 12.88, 13.40),采用箱型图查看异常点,效果如图3-2所示。

显然,箱型图可以通过非常直观简单的方式表明数据-10和25是序列中的异常值。除上述几种异常值判定方法外,还可以通过概率分布的模型、KNN分类模型、聚类分析等判定异常值。

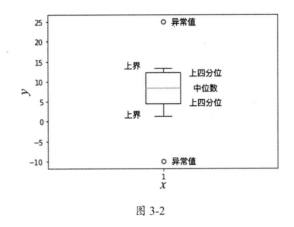

图 3-2

2. 处理

根据业务场景的不同,对异常值的处理也不同。一般来说,对异常值有以下两种基本处理方法。

(1) 删除异常值。删除异常值是最简单的处理方法,主要是为了减少异常值带来的影响,减少犯错误的概率。在删除异常值的过程中,需要注意两方面的问题:一方面,可以尝试结合使用多种统计判别法,并尽力寻找异常值出现的原因;另一方面,如果有多个异常值,应逐个删除,即删除一个异常值后,先进行判定,再删除另一个异常值,不要一次性删除所有异常值。

(2) 将异常值视为缺失值,按照缺失值填充的方式对该值进行修正。3.1.3 节将详细介绍填充缺失值的方法。

异常值并不是一定需要删除或对其进行某种操作的,有时是为了引起开发者或数据拥有者对该数据的关注,挖掘背后可能潜在的原因,直到发现其有一定合理性之后,才能认定其是否为要处理的异常值。

结合业务场景对异常值进行判定和处理后,可使得数据更贴合要求,倘若一概而论,很可能会导致结果偏离实际。

3.1.3 数据清洗中的缺失值填充

数据缺失是大部分业务场景都会遇到的情况,例如,某些信息暂时无法获取,数值无法实时获取,甚至数值没有被记录等。但是在数据准备阶段,应尽可能提高数据质量。当数据缺失严重时,会对分析结果产生较大的影响。

1. 数据缺失类型

虽然数据缺失的原因多种多样，但是数据缺失类型总体可以分为完全随机缺失、随机缺失和非随机缺失三种。

（1）完全随机缺失。表示数据的缺失完全具备随机性，既不依赖其他相关数据，也不影响数据的无偏性。例如，在记录个人信息时，缺失了个人家庭地址。

（2）随机缺失。表示数据的缺失可能与数据所属对象有一定的依赖关系。例如，一般性收入都有税额值，但是补贴性收入则没有税额值。

（3）非随机缺失。表示数据的缺失并非随机因素导致的。但该数据对整体存在依赖性。例如，客户在填写个人信息时，刻意没有填写个人收入这一项。

不同的数据缺失类型，应该使用不同的缺失值处理方法。例如，对于随机缺失和非随机缺失，就不太适合用删除该记录的方法，而是应尽可能填充该部分的缺失值。

若不对缺失值进行补齐、填充，则可能导致系统丢失大量有效的信息，或者让系统表现出不稳定性，最终导致结论具备不确定性。

2. 数据补齐

对剔除的异常值和缺失值，应采用合理的方法进行填充。常见的缺失值处理方法有替代法、预测法等，如图 3-3 所示。

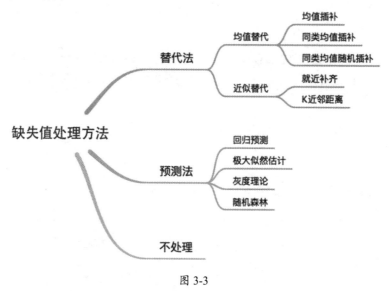

图 3-3

替代法中比较经典的是均值插补，即取所有非空对象的平均值填充该缺失值。如果该值为连续数值型，则可以用算术平均数填充；如果该值为离散型，则可以用众数填充

近似替代则以就近补齐和K近邻距离较为常用。

就近补齐是首先寻找相似对象，然后用这个相似对象的值进行填充。例如，某男性客户A在电商网站上购买了众多电子产品，某未知性别客户B在电商网站上也购买了相同或非常相似的众多电子产品，则可以将客户B的性别填充为"男性"。

K近邻距离与就近补齐类似，是通过距离计算公式（如欧氏距离）计算距离缺失数据最近的K个样本，对这K个样本的值进行加权平均或取众数等来填充缺失值。

预测法中的回归预测较为常用。首先基于完整的数据集建立回归方程，然后将已知属性值代入方程求出未知属性估计值，用此估计值填充缺失值。此类方法相对比较有效，但是当完整数据集量较少或非线性相关时会存在一定偏差。

理论上，随着数据量的增大，异常值和缺失值对整体分析结果的影响会逐渐变小。因此在"大数据"模式下，数据清洗可忽略小部分异常值和缺失值的影响，而侧重对数据结构进行合理的分析。

3. 其他清洗

对异常值和缺失值进行处理是数据清洗中的关键任务，除此之外，还有格式内容清洗、逻辑错误清洗、关联性清洗等。

（1）格式内容清洗。格式内容清洗是指当时间、日期、数值、全半角等显示格式不一致、内容中有不该存在的字符、数据长度规范不合理时，对格式内容进行清洗。例如，手机号应是11位、且全是阿拉伯数字等。

（2）逻辑错误清洗。通过设定一些简单的逻辑判断对数据进行清洗。例如，身份证号上的生日是20岁，而客户填写的年龄是30岁。

（3）关联性清洗。通过多方数据确认数据的正确性。例如，客户输入的性别为"女"，但是身份证号和其他渠道的数据源均显示客户性别为"男"。

由于业务场景不同，所以有不同的数据清洗方法，归根结底是提升数据在各个业务场景下的质量。

3.2 数据的特征缩放和特征编码

数据特征建立在高质量的数据基础之上,是抽象出数据关键内容的形态。数据特征是机器学习算法最关注的部分,也是算法能够达成基本业务要求的必要条件。

3.2.1 特征缩放

特征缩放(Feature Scaling)是一种用于规范自变量或数据特征范围的方法,在数据处理中,也称为数据规范化,通常在数据预处理步骤中执行。

由于原始数据的值范围变化很大,因此在某些机器学习算法中,如果没有数据规范化,则目标函数的结果偏差可能会较大。例如,假定在某分类器中通过欧几里得度量计算两点之间的距离,如果其中一个元素的取值范围非常大,则计算的距离将受此元素的影响较大。因此需要对所有特征的范围进行处理,使每个特征都能够成比例地对结果产生影响。

除上述原因外,特征缩放的另一个重要作用是基于特征缩放后的元素,梯度下降收敛速度要快得多。

特征缩放常常以数据标准化(Standardization)和数据归一化(Normalization)的方式进行处理。数据标准化是将数据按比例进行缩放,使得标准化落入一个固定的较小区间;数据归一化是把数据转换为[0,1]或[-1,1]区间的小数。特征缩放的具体方法包括最小最大值归一化、Z-score、非线性归一化等。

1. 最小最大值归一化

顾名思义,最小最大值归一化(Min-Max Normalization)是基于最小值和最大值进行归一化处理,通过对数据的每一个维度的值进行重新调节,使得最终的数据向量落在[0,1]区间内,计算公式见式(3-3)。

$$x' = \frac{x - \min(x)}{\max(x) - \min(x)} \quad (3\text{-}3)$$

其中,x'为处理之后的值,x为原始值。显然,根据上述公式,原始数据中的最大值归一化后为1,最小值归一化后为0。

最小最大值归一化适用数据比较集中的情况。倘若最大值和最小值不稳定,则很容易使结果不稳定,导致使用效果也不稳定。在实际使用中,可以用经验常量值替代最大值和最小值。

当有新数据加入时，可能会导致最大值或最小值发生变化，因此需要重新定义和计算。

与最小最大值归一化类似的是均值归一化（Mean Normalization），计算公式见式（3-4）。均值归一化的结果相对稳定，但是依然受限于集合中的最小值和最大值：

$$x' = \frac{x - \bar{x}}{\max(x) - \min(x)} \tag{3-4}$$

2. Z-score

Z-score 也被称作零—均值标准化，是最为常用的标准化方法之一。经过处理的数据服从标准正态分布，均值为 0，标准差为 1。计算公式见式（3-5），其中 $\bar{x}$ 为所有样本的均值，σ 为所有样本的标准差。

$$x' = \frac{x - \bar{x}}{\sigma} \tag{3-5}$$

Z-score 适用数据的最大值和最小值未知的情况，或有超出取值范围的离群数据的情况。Z-score 要求原始数据的分布近似为正态分布，处理后的数据服从标准正态分布。

在分类算法和聚类算法中，常常需要使用距离来度量相似性，此时，Z-score 比最小最大值归一化更为优异。在不涉及距离度量、协方差计算、数据不服从正态分布时，可以使用最小最大值归一化。

3. 非线性归一化

非线性归一化经常用在数据分化较大的场景，有些数值很大，有些数值很小，所以需要通过一些数学函数对原始值进行映射，如 log 函数转换、atan 函数转换等。具体需要根据数据分布的情况，决定采用的非线性函数。

（1）log 函数转换。log 函数对于大的 x 而言增长非常缓慢，所以常使用 log 函数来压缩大的数据。基于 log 函数的归一化计算公式见式（3-6）。

$$x' = \frac{\log_{10}^{x}}{\log_{10}^{\max(x)}} \tag{3-6}$$

例如，对于数值序列（15,21,32,41,54,66,77,78,89），基于 log 函数转换之后的结果如图 3-4 所示。如果想让处理结果分布在[0,1]区间，则要求原输入数据不应小于 1。

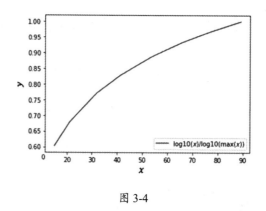

图 3-4

（2）atan函数转换。atan函数返回的是反正切值，返回的角度范围在 $-\pi/2$ 到 $\pi/2$ 之间。基于atan函数的归一化计算公式见式（3-7）。

$$x' = \frac{\mathrm{atan}(x) \times 2}{\pi} \qquad (3\text{-}7)$$

对于数值序列（15,21,32,41,54,66,77,78,89），通过atan函数转换之后的结果如图3-5所示。如果想让处理结果分布在[0,1]区间，则原始输入数据应大于或等于 0，小于 0 的数据被映射到 [-1,0]。

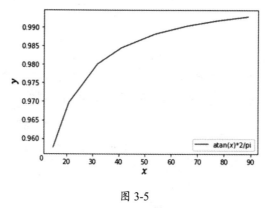

图 3-5

非线性的转换方式还有很多，读者可以根据业务场景自定义函数。非线性归一化方法在原始数据保持相对大小的情况下进行了非线性映射，这意味着数据相对大小的差距仍然存在，但绝对差距已经发生了变化，且差距不是成比例变化的，因此适合较为复杂的场景。

最小最大值归一化、Z-score、非线性归一化是目前比较常用的特征缩放方法，此外，缩放至单位长度的特征缩放方法在机器学习领域中也时常被用到，计算公式为 $x' = x/\|x\|$。通过缩

放特征向量的分量,将每个分量除以向量的欧几里得距离,使整个向量的长度为 1。

在图像领域有类似的对原始数据处理的方法,例如,对图像的归一化处理,在处理自然图像时,获得的原始图像像素值在[0,255]区间,常用的处理方法是将这些像素值除以 255,使它们缩放在[0,1]区间。

3.2.2 特征编码

一般来说,通过各种渠道获得的数据相对杂乱,并且可能带有各种非数字的特殊符号,如中文表述等。但实际上,机器学习模型所需的数据是数值型的,因为只有数值型的数据才会真正被计算。因此,对于非数值型的特征值,需要对其进行相应的编码,使其能够被高效计算。当然,编码过程实际上是另外一种量化过程。根据解决问题的场景,我们可以把数据的特征编码分为标签编码、独热编码和多热编码等。

1. 标签编码(Label Encoding)

标签编码主要针对的是离散型特征,适用原始数据是有序离散的场景。例如,(香蕉,车厘子)这样的特征是无法直接被模型使用的,因此需要将这些特征转换为算法模型能理解的编码。一个很容易想到的方法就是把这些特征数字化,即标签编码。比如(香蕉,车厘子)可以用(0,1)表示,(手机,电脑,平板……)可以用(0,1,2,…)表示。即对于一个有K个类别的特征,可以用(0, $K-1$)的连续整数进行标签编码。

2. 独热编码(One-hot Encoding)

在很多应用场景中,特征是非连续型的变量,如果需要对这部分变量进行计算,则需要借助其他方法把这些变量数值化,而独热编码非常适合处理离散型的特征值。

例如,性别有两个离散变量,即男和女,而实际上,男、女是无法直接参与计算的,数值化并不是将男和女分别数值为 1 和-1,因为 1 和-1 依然是离散变量,数值 0 对离散变量 1 和-1 没有直接意义,类别之间本身也是无序的。

独热编码表示一种特殊的位元组合,一个特征仅允许一个位为 1,其他位必须为 0。独热向量是机器学习中经独热编码之后产生的向量。在任意维度的独热向量中,仅有一个维度的值是 1,其余均为 0。例如,向量(0 0 0 1 0)中有且仅有一位为 1,将离散型数据转换成独热向量的过程被称为独热编码。若情况相反,向量中只有一个 0,其余均为 1,则称为独冷编码(One-cold Encoding)。例如,某离散型数据"苹果""梨子""桃子",它们的独热向量分别为(1 0 0)、(0 1 0)和(0 0 1)。

在一般的回归问题、分类问题、聚类问题等机器学习算法应用中，特征之间距离的计算或相似度的计算是非常重要的。距离或相似度的计算大部分是通过余弦相似性、欧氏距离等计算的，使用独热编码，将离散特征的取值扩展到欧氏空间，离散特征的某个取值就对应欧氏空间的某个点，距离可以通过欧氏距离计算。例如，香蕉的独热向量为（１ ０ ０），通过算法计算的某未知水果的向量是（0.8 0.1 0.1），则通过欧氏距离计算可以知道该水果很可能为香蕉。

独热编码解决了分类器不好处理属性数据的问题，在一定程度上起到了扩充特征的作用。当类别的数量较多时，特征空间会变得非常大，在这种情况下，一般可以用主成成分分析来减少维度，且独热编码与主成成分分析这种组合在实际场景中应用得非常广泛。

从运算的角度，独热编码至少带来了三方面的好处：

（１）将离散型的数据转换为离散型数值，有助于算法的处理和计算；

（２）转换成固定维度的独热向量，方便机器学习算法进行线性代数的计算；

（３）在独热向量中，绝大部分数值都是 0，如果使用稀疏矩阵的数据结构进行计算，则可以节省计算内存。

3．多热编码（Multi-hot Encoding）

在独热编码中，有且仅有一个位的值为 1；而在多热编码中，允许多个位的值为 1。多热编码大多出现在存在多个特征属性的场景，而非唯一一个。例如，在水果列表（香蕉，苹果，车厘子）中，某顾客喜欢的水果并非有且只有一个，如果顾客喜欢的是香蕉和苹果，则可以多热编码为（１ １ ０）。

- 从技术实现的角度来看，多热编码在神经网络或深度学习的一些输入中较为常见，将复杂的混合特征通过多热编码的形式传递给算法模型。
- 从应用场景的角度来看，多热编码在用户画像中的应用非常多，尤其是通过多热编码表示用户的特征形态、静态属性、行为属性等。
- 从数据的本质的角度来看，对数据的多热编码处理实际上是一种稀疏矩阵的降维压缩过程。

3.3 数据降维

3.3.1 基本思想与方法

当尝试使用机器学习解决实际问题时，遇到的最大问题往往不是算法上的问题，而是数据上的问题。有时会苦恼于没有数据，而有时又会因为数据太多而陷入"幸福"的困扰。

在前文学习算法时，可以看到许多算法都涉及距离计算，而高维空间会给距离计算带来很大的麻烦。实际上，在高维空间中出现的数据样本稀疏、距离计算困难等问题是所有机器学习方法共同面临的问题，被称为"维度灾难""维度诅咒""维度危机"等。尤其是当高维空间数据计算过于复杂或拟合困难时，就需要考虑通过降维的方式降低计算难度，降低算法模型的拟合成本。

1. 基本思想

在机器学习领域中的降维是指采用某种映射方法，将原高维空间中的数据映射到低维空间中。降维的本质是学习一个映射函数，如式（3-8）所示。

$$f: x \to y \tag{3-8}$$

其中 x 是原始数据点的表达，y 是数据点映射后的低维向量表达，通常 y 的维度小于 x 的维度。若 y 的维度大于 x 的维度，则称为升维。f 可能是显式或隐式、线性或非线性的降维方式。

数据降维的目的从直观上是算法处理的维度降低了，便于计算和可视化，但更深层次的意义在于实现了有效信息的提取，减少了无用信息对算法的干扰。目前，大部分降维算法处理的数据都是向量，也有一些降维算法处理的是高阶张量。

2. 降维方法

降维方法可以进一步细分为变量选择和特征提取两类方式。变量选择是指通过不同的方法选择合适的数据变量；特征提取则是通过线性方式或非线性方式完成特征的提取，如图3-6所示。

3.3.2 变量选择

变量选择的前提是数据中含有大量冗余或无关变量（或称特征、属性、指标等），旨在从原有变量中找出主要变量，这些方法包括丢失值比例、低方差过滤等。

1. 丢失值比例（Missing Value Ratio）

前文曾介绍过多种补齐缺失值的方法，但是当缺失值在数据集中的占比过高时，则可以设置一个阈值，如果缺失值占比高于阈值，则删除它所在的列。

2. 低方差过滤（Low Variance Filter）

如果数据中的某些数据值非常相近，则其对算法的价值可能并不是特别大。低方差过滤可以计算样本中每个特征值所对应的方差，如果低于阈值，则进行过滤。

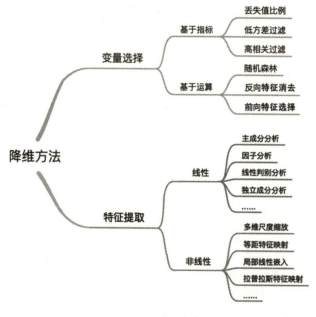

图 3-6

3. 高相关过滤（High Correlation Filter）

如果两个变量之间具有相似的趋势并且可能携带类似的信息，则表明它们具有高相关性。这类变量的存在会降低某些算法的性能。例如，在线性模型或逻辑回归中计算独立数值变量之间的相关性，如果相关系数超过某个阈值，则删除其中一个变量，当然，应尽可能保留与目标变量相关的变量。

4. 随机森林（Random Forest）

随机森林是一种使用非常广泛的变量选择方法，通过随机森林可自动计算出各个变量特征的重要性，筛选出较小的特征子集。随机森林具有较高的准确性，既能处理离散数据，也能处理连续数据。

5. 反向特征消去（Backward Feature Elimination）

反向特征消去是从效果的角度反向消除特征。例如，对于含有 K 个特征变量的数据集，首先对 K 个特征变量进行模型生成，然后逐一移除其中一个特征，对剩余 K-1 个特征变量进行模型生成，接着对原始模型和移除其中一个特征变量的模型效果进行比对，最后把对模型性能影响较小的变量移除。

6．前向特征选择（Forward Feature Selection）

前向特征选择与反向特征消去的过程相反，前向特征选择是找到对模型性能影响最大的特征，然后逐步新增特征训练模型。首先对每一个特征变量进行模型训练，得到 K 个模型；然后选择 K 个模型中性能最好的特征变量作为初始变量，把其余变量作为与该变量的一对一组合，进行模型训练；接着选择效果最好的一组特征变量作为下一轮的初始变量，依次迭代上述过程，直到模型性能无法再提升。

前向特征选择和反向特征消去的计算量较大、耗时较久，因此只适用输入变量较少的数据集。

3.3.3 特征提取

特征提取可以看作变量选择方法的一般化。特征选择是去掉无关特征，保留相关特征的过程，或是从所有的特征中选择一个最好的特征子集的过程。

特征提取则是将机器学习算法不能识别的原始数据转换为算法可以识别的特征的过程。例如，组合不同的特征变量可以得到新的特征变量，改变原有的数据特征空间。典型的特征提取方式有线性和非线性两种，如图 3-7 所示。

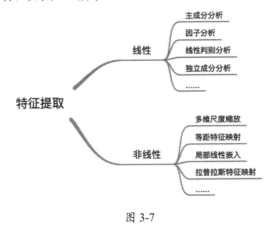

图 3-7

线性

1．主成分分析

主成分分析（Principal Component Analysis，PCA）是常用的线性降维方法，通过正交变换将原始的 N 维数据集映射到一个主成分数据中，即把高维空间中的数据映射到低维空间，并在投影维度上使数据的方差尽可能大，从而减少数据维度，同时尽可能保留原始数据的特性，如图 3-8 所示。

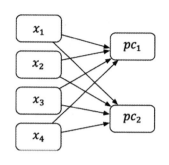

图 3-8

在图 3-8 中，相关变量 x_1、x_2、x_3、x_4 映射到了两个无关的成分变量 pc_1 和 pc_2 上。下面用一个实例介绍主成分分析的步骤和方法，假设有 10 组二维特征数据，如表 3-2 所示。

表 3-2

变量	1	2	3	4	5	6	7	8	9	10
x	1.23	0.9	1.51	2.94	3.21	2.7	1.9	1.6	3.12	2.88
y	2.25	2.11	2.39	2.21	3.56	2.72	1.63	1.13	2.61	1.92

通过绘制二维坐标可知，10 个样本数据基本处于比较杂乱的状态，很难通过简单的方式进行降维，如图 3-9 所示。

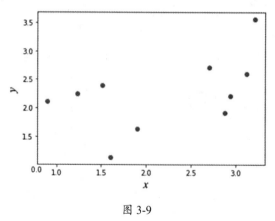

图 3-9

（1）对样本数据求均值，并进行去均值处理。x 的均值为 2.199，y 的均值为 2.253，通过 $x' = x - \bar{x}$ 及 $y' = y - \bar{y}$，重新映射坐标位置得到的结果如图 3-10 所示。可以发现，均值处理并未改变相对大小和结构，只是中心位移了。

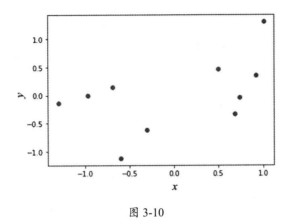

图 3-10

（2）计算协方差矩阵。协方差公式为 $\mathrm{cov}(x,y) = \frac{\sum_{i=0}^{n}(x_i-\bar{x})(y_i-\bar{y})}{(n-1)}$，由于本例的特征为 x 和 y，因此协方差矩阵是一个 2×2 的矩阵，即

$$\begin{pmatrix} \mathrm{cov}(x,x) & \mathrm{cov}(x,y) \\ \mathrm{cov}(y,x) & \mathrm{cov}(y,y) \end{pmatrix}$$

计算得到的协方差矩阵为（（0.74261 0.28652556））（（0.28652556 0.42833444））。

（3）计算协方差矩阵的特征值和特征向量，将特征向量绘制到图中，如图 3-11 所示。

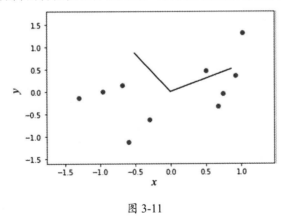

图 3-11

特征向量之间是正交的，主成分分析正是利用特征向量这个特点构建了新的空间体系，将原始数据乘以特征向量，得到的空间体系如图 3-12 所示。其中，"+" 是通过坐标变换之后得到的新点，即每一个原始数据点投影到特征向量的结果。

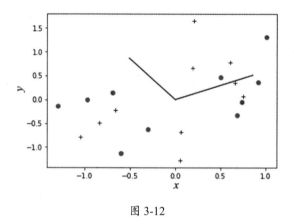

图 3-12

（4）选择主成分。根据特征值的大小，从大到小选择 K 个特征值对应的特征向量，例如，本例排序后的特征值和特征向量如表 3-3 所示。

表 3-3

特 征 值	特征向量
0.9122583528816461	（0.86048189,-0.50948103）
0.2586860915627985	（0.50948103,0.86048189）

由于选择的是 K 个特征向量，而本例中仅有两个特征，因此选择 $K=1$，即选择其中最大的特征值及对应的特征向量。

（5）生成降维数据。将原始数据乘以上一步筛选出的特征向量组成特征矩阵之后，即可得到新的降维数据。例如，本例得到的结果如表 3-4 所示，z 即为从 x 和 y 映射的新特征。

表 3-4

特 征	1	2	3	4	5	6	7	8	9	10
x	1.23	0.9	1.51	2.94	3.21	2.7	1.9	1.6	3.12	2.88
y	2.25	2.11	2.39	2.21	3.56	2.72	1.63	1.13	2.61	1.92
z	-0.84	-1.19	-0.52	0.62	1.54	0.67	-0.58	-1.09	0.97	0.42

如果把 z 可视化到二维坐标系中，固定其另外一维的值为 1.0，则效果如图 3-13 所示，从二维的小圆点数据映射到一维的小菱形数据。

至此，主成分分析完成了利用少数几个综合变量来代替原始多个变量的过程，也可以看出主成分分析的数据不需要数据满足特定分布（例如正态分布）。

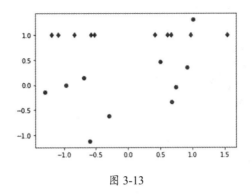

图 3-13

2．因子分析

因子分析（Factor Analysis）可以理解为是主成分分析的一种改进。因子分析基于原始变量相关矩阵内部的依赖关系，把一些关系错综复杂的变量归结为少数几个综合因子，实质则是从多个变量中提取共性因子，并得到最优解的过程。

在因子分析过程中，将变量按照相关性进行分组，组内的相关性足够高，组间的相关性相对较低，每个组即为因子。由于根据相关性进行了分组，每个组又包含了多个变量，因此因子的数量小于原始变量的数量，从而达到降维的目的。例如，针对学生的各科学习成绩的因子分析，若单科成绩优异的学生，其他科目的成绩也不差，则抽取的共性因子为学习能力或学习方法。

相较于主成分分析，因子分析是把变量表示成各因子的线性组合，而在主成分分析中，则是把主成分表示成各个变量的线性组合。

与主成分分析、因子分析类似的特征提取方式有线性判别分析（Linear Discriminant Analysis）、独立成分分析（Independent Components Analysis，ICA）等，它们都是通过线性变换的方式完成对数据的降维的。

非线性

前面介绍的是线性降维处理方式，对于非线性降维处理方式，常用的是基于流形学习的方法。

流形是几何中的一个概念，表示在高维空间中的几何结构，它是由空间中的点构成的集合，可以将流形理解成二维空间的曲线。例如，三维空间中的一个流形如图 3-14 所示，它实际上是一个二维数据的卷曲面。

流形学习的关键是假设观察的数据实际上是由一个低维流形映射到高维空间上的，流行学习的基本方法有多维尺度缩放、等距特征映射、局部线性嵌入等。

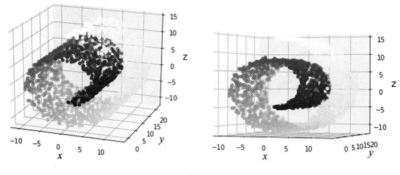

图 3-14

1．多维尺度缩放

多维尺度缩放（Multidimensional Scaling，MDS）是一种比较经典的降维方法，它的核心思想是，高维空间的距离状态在低维空间中保持不变。由于距离计算对于数据的维度并没有直接依赖关系，因此保持距离状态不变也就保持了在低维空间中的相对距离。

对图 3-14 所示的流形进行多维尺度缩放，由三维降到二维的效果如图 3-15 所示。

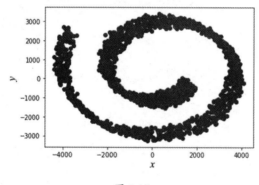

图 3-15

多维尺度缩放不需要先验知识即可进行计算，整个过程相对比较简单，且保留了原始数据的相对关系，能够较好地可视化。但是，多维尺度缩放在计算过程中认为各个维度对于结果的影响是相同的，然而事实上可能存在部分维度贡献度不同的情况。

2．等距特征映射

等距特征映射（Isometric Feature Mapping，ISOMAP）是被广泛使用的低维嵌入方法之一，等距特征映射建立在多维尺度缩放的基础上，两者的原理基本相同。等距特征映射试图保留数据原有的几何形状，最大的差异在于它采用最短路径距离替代了多维尺度缩放中的欧氏距离，这种最短路径距离采用测地线距离（曲线距离）作为空间中的两点距离，可以更好地拟合流形中的数据。

等距特征映射的计算过程分为三步。

① 为每个样本点确定邻居，确定邻居的方法可以采用 KNN 的方式或将半径阈值以内的作为邻居，因此可以形成一个加权图，边上的权重即为两点的空间距离。

② 对于图中的任意两点，计算最短路径，可以采用 Dijkstra 算法计算最短路径；

③ 把计算出的最短路径作为多维尺度缩放的输入，进行降维。

等距特征映射变换得到的低维空间中较好地保留了数据的本质特征，能够较好地处理非线性数据，属于非迭代的全局优化算法。

3．局部线性嵌入

局部线性嵌入（Locally Linear Embedding，LLE）是比较重要的非线性降维方法之一，局部线性嵌入在降维时保持了局部线性特征，因此被称作局部线性特征。

局部线性嵌入表示数据在较小的范围内是保持线性关系的，某个变量可以由其附近的若干个样本线性表示。例如，变量x_1附近的变量x_2、x_3、x_4可以表示为式（3-9）所示的线性形式。

$$x_1 = w_{12}x_2 + w_{13}x_3 + w_{14}x_4 \tag{3-9}$$

通过局部线性嵌入降维之后，每一个变量x_i的投影为x_i'，应尽可能保持w_{12}、w_{13}、w_{14}在有限范围内变化的同时满足式（3-10）。

$$x_1' \approx w_{12}x_2' + w_{13}x_3' + w_{14}x_4' \tag{3-10}$$

即在变量附近依然产生线性关系，距离观测样本x_1较远的其他样本对局部线性嵌入不产生任何影响。

局部线性嵌入的步骤主要有三步：

① 对样本求 K 近邻样本，和 KNN 算法流程一致，样本数量 K 需要提前设定，表示用多少样本表示单个样本；

② 对每个样本求其 K 近邻样本的线性组合，计算线性关系的权重系数；

③ 利用线性关系的权重系数在低维空间中重构样本，完成降维。

局部线性嵌入与计算机图形中的局部视觉感知有一定相似之处，因此局部线性嵌入被广泛应用在图形图像领域。

局部线性嵌入可以学习任意维度的局部线性的低维流形，整个算法可以归纳为对稀疏矩阵进行特征分解。由于局部线性特征及 KNN 算法本身的缺陷限定了局部线性嵌入对数据的处理，因此在处理闭合的流形、稀疏的数据样本或分布不均的样本时效果相对较差。

3.4 图像的特征分析

3.4.1 图像预处理

在图像分析中，图像质量可直接影响算法设计和效果评估，因此一般在做图像分析之前需要对图像进行预处理。图像预处理的目的是消除图像中不相关的信息（避免对分析产生影响），强化对分析有用的信息，进而简化图像数据，提高特征提取的质量，达到更好的图像分析效果。图像预处理的方式有图像灰度化、图像降噪、图像白化、几何变换和图像增强等。

1. 图像灰度化

目前大部分的彩色图像都采用 RGB 颜色模式，从而导致在处理图像时需要分别对 RGB 三种颜色分量进行处理。但在实际工作中，RGB 并不用于反映图像的形态特征，而是从光学原理上对颜色进行了调配。

在 RGB 颜色模式中，若 R、G、B 三者的颜色值相等，则颜色为灰色，其中，颜色值被称作灰度值。因此在灰度图像的每个像素中只有一个字节存储灰度值，灰度值的范围在[0,255]区间。图像灰度化的常用方法有分量法、最大值法、平均值法和加权平均值法，如表 3-5 所示。

表 3-5

灰度方法	描述	计算公式
分量法	将彩色图像中三种颜色分量的亮度作为三个灰度图的灰度值，根据应用需要选取一种分量对图像进行灰度	$\begin{cases} R \text{ 分量：} Gray(i,j) = R(i,j) \\ G \text{ 分量：} Gray(i,j) = G(i,j) \\ B \text{ 分量：} Gray(i,j) = B(i,j) \end{cases}$
最大值法	将彩色图像中三种颜色分量的亮度的最大值作为灰度图的灰度值	$Gray(i,j) = \max(R(i,j), G(i,j), B(i,j))$
平均值法	对彩色图像中三种颜色分量的亮度求平均值，把该值设置为灰度图的灰度值	$Gray(i,j) = (R(i,j), G(i,j), B(i,j))/3$
加权平均值法	对彩色图像中三种颜色分量的亮度用不同的权重进行加权平均，把该值设置为灰度图的灰度值	$Gray(i,j) = 0.3 \times R(i,j) + 0.6 \times G(i,j) + 0.1 \times B(i,j)$

例如，基于分量法，对原始图分别基于 R、G、B 三种颜色进行灰度化处理的效果图如图 3-16 所示。

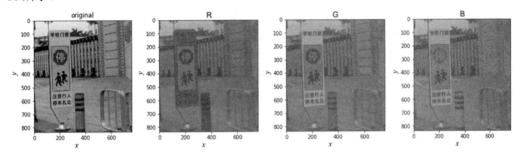

图 3-16

在灰度化的基础上，还有图像二值化。图像二值化是将图像上像素点的灰度值设置为 0 或 255，即整个图像呈现非黑即白的效果。对原始图像进行图像二值化处理的效果图如图 3-17 所示。

图 3-17

经图像二值化处理后，图像包含的数据量大幅减少，同时能凸显目标的轮廓，因此图像二值化在实际中应用得非常广泛。

2．图像降噪

图像降噪的目的是排除图像中的干扰数据。噪声在图像上的表现形式为引起较强视觉效果的孤立像素点、像素块等，这些像素点或像素块会对图像的亮度、轮廓等产生干扰，从而影响图像分割、目标识别等算法的应用效果。

常用的图像降噪算法大致可以分为三类，即空域像素特征去噪算法、变换域去噪算法和生成对抗网络算法，如图 3-18 所示。其中，生成对抗网络算法是近几年才出现的。

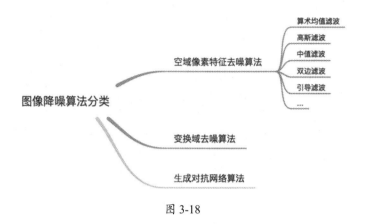

图 3-18

在空域像素特征去噪算法中，比较经典的有算术均值滤波、高斯滤波、中值滤波和双边滤波等，如表 3-6 所示。

表 3-6

方法类型	描述
算术均值滤波	通过一个 $K\times K$ 矩阵窗口（卷积核）从图像的左上角开始，从左到右、从上到下扫描整个图像。在矩阵窗口滑动过程中，计算窗口中像素的平均值，并使用该平均值替换区域内的像素值。扫描完成之后，原始图像的纹理信息会被减弱，图像会比之前更平滑，同时噪声减弱
高斯滤波	高斯滤波与算术均值滤波相比，考虑了像素值对最终结果的贡献，给予卷积核内像素一定的权重，每一个像素点值都由其本身和领域内的其他像素值经过加权平均后得到
中值滤波	中值滤波是一种非线性滤波器，它可将每个像素点的灰度值设置为该点邻域窗口内所有像素点灰度值的中值。中值滤波常用于消除椒盐噪声，保留图像的边缘信息特征
双边滤波	双边滤波是一种非线性滤波器，它比高斯滤波多了一个高斯方差。它基于空间分布的高斯滤波函数，因此在图像的边缘附近，减少了较远的像素对图像边缘特征像素值的影响，从而尽可能保留图像的边缘信息

这四种滤波方法的处理效果如图 3-19 所示。

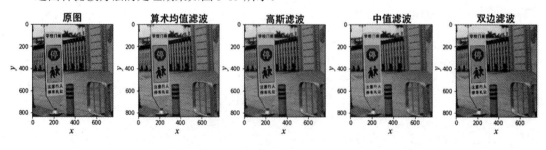

图 3-19

3. 图像白化

光照强度、物体反射等因素可以影响图像的质量，而图像白化可对过度曝光或低曝光的图片进行处理，从而提升图像的质量。图像白化的处理原则是使图像的平均像素值为 0，使图像的方差为单位方差 1，图像白化的基本过程主要分为两步。

（1）计算原始图像的均值和方差，针对 $m \times n$ 的图像 p，每个位置的像素点值设定为 p_{ij}，因此均值和方差的计算公式如式（3-11）和式（3-12）所示。

$$\mu = \frac{\sum_{i=1}^{i=m} \sum_{j=1}^{j=n} p_{ij}}{m \times n} \tag{3-11}$$

$$\sigma^2 = \frac{\sum_{i=1}^{i=m} \sum_{j=1}^{j=n} (p_{ij} - \mu)^2}{m \times n} \tag{3-12}$$

（2）基于均值和方差对每个像素值进行变换，变换方式如式（3-13）所示：

$$p'_{ij} = \frac{p_{ij} - \mu}{\sigma} \tag{3-13}$$

图像白化的效果如图 3-20 所示。

图 3-20

图像白化可以分为 PCA 白化和 ZCA 白化两种，两者的差别在于，PCA 白化可保证数据各维度的方差为 1，而 ZCA 白化可保证数据各维度的方差相同，且 ZCA 白化尽量使白化后的数据接近原始数据。

4. 几何变换

图像的几何变换实际上是图像的空间变换，也就是说，把图像的原始坐标映射到空间的新坐标上，达到变换的目的。几何变换的算法有空间变换运算和插值算法两种。几何变换在原则上是不改变具体的像素点值的，而是变换了像素的位置。从整体来看，就是图像发生了位置的变换、仿射变换和透视变换等。

位置的变换包括对图像进行平移、镜像等。平移时若图像宽、高固定不变，则只能保存部分图像，导致部分图像信息丢失。镜像包括水平镜像、垂直镜像、对角线镜像三种。仿射变换是通过对一个向量空间进行一次线性变换和一个平移，变换为另一个向量空间的过程。透视变换的本质是将图像投影到一个新的视平面，它甚至可以把 2D 图像变换成 3D 图像。

透视变换在实际应用中非常广泛，例如，抽取原图中的交通标示区域，并完成透视变换，如图 3-21 所示。

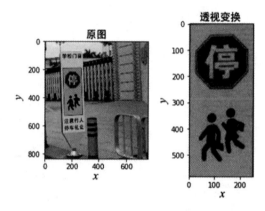

图 3-21

从图 3-21 可以看到，在原图中局部区域是倾斜的，但在透视变换之后则变为了正常视角。

5. 图像增强

在不同的环境、光线强度等条件下，照片清晰度、对比度等差异较大，尤其是当环境较差时，获取的图片无法突出图像中的重点。图像增强常常用于对图像的亮度、对比度、饱和度及色调等参数进行调节，目的是增加其清晰度，减少噪声等。

常见的图像增强方法有直方图均衡化、Gamma 变换、Laplace 变换、Log 变换等，其中最经典的是直方图均衡化。

直方图是一种表示图像像素强度分布的图形化表达方式，能够非常直观地呈现图像的像素分布情况，如图 3-22 所示。

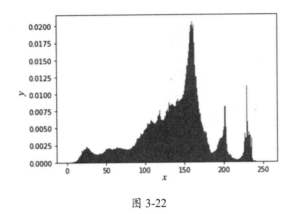

图 3-22

一般来说,在质量较高的图像中,像素强度是均衡分布的。倘若一张图像中大部分像素强度都集中在某一区域,则意味着需要对该图的像素强度进行拉伸,使其平坦化。在理想的直方图中,每个柱的值都应该相等,即 50%的像素值应当小于 128,25%的像素值应当小于 64。因此在较为理想的直方图中,m%的像素拥有的强度值应当小于或等于 255×m%。直方图均衡化就采用了类似的思想。对图 3-22 中的图像进行直方图均衡化后的效果如图 3-23 所示。

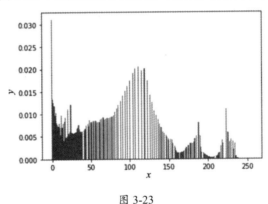

图 3-23

原始图像和通过直方图均衡化后的对比图如图 3-24 所示。直方图均衡化是图像增强的有效方法之一,通过调整图像的像素分布,使得在[0,255]区间上的像素分布更加均衡,从而提高图像对比度,提升图像的质量。

Gamma 变换则是对灰度过高或者灰度过低的图片进行修正,增强图像对比度。计算方式是对原图上的每一个像素值做乘积运算,从而提升图像较暗的细节。

图 3-24

Laplace 变换可以增强局部图像对比度。

Log 变换则是对图像的低灰度值部分进行扩展,从而显示低灰度部分更多的细节;对其高灰度值部分进行压缩,减少高灰度部分的细节,达到强化图像低灰度部分的效果。

3.4.2 传统图像特征提取

图像特征检测是图像分析算法的基础,图像特征是一个图像中的特殊部分,没有非常准确的定义,特征的精确定义往往由问题本身或应用场景决定。同一张图像的特征对于不同的业务场景并不是完全相同的,因此准确的定义和特征检测非常关键。在特征检测(Feature Detection)中比较重要的一个特性是"可重复性",即对同一场景中的不同图像,所提取的特征应该是相同的。

一般来说,图像特征主要有颜色特征、纹理特征、形状特征和空间关系特征等。图像特征检测是图像处理中的一个初级运算,它通过检测每一个像素来确定该像素是否代表一个特征。特征检测的结果是把图像上的点分为不同的子集,这些子集往往属于孤立的点、连续的曲线或者连续的区域。

1. 颜色特征

颜色特征是图像的一个全局特征,它与图像本身的尺寸、方向、视角相关性较小,具有较好的鲁棒。它不仅与单点的像素值有关,还与整个图像的区域有关。

颜色特征可以用颜色直方图、颜色集、颜色矩、颜色聚合向量等描述,其中,颜色直方图是最常用的方式。颜色直方图较好地描述了全局图像的颜色分布情况，能体现出不同颜色在图像中的占比。

颜色直方图可以基于不同颜色空间和坐标体系呈现。例如，颜色空间可以基于RGB、HSV、Lua、Lab等，其中RGB和HSV使用得相对较多，与RGB相比，HSD更符合人们对颜色相似性的主观判断，HSV分别代表的是色彩（Hue）、饱和度（Saturation）和值（Value）。

最简单的颜色直方图是直接统计像素值范围的像素点个数，x轴为像素值，y轴为统计量，如图3-25所示。

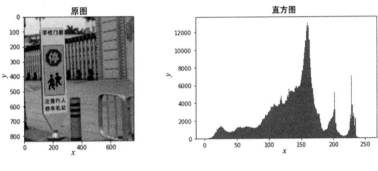

图 3-25

还有一种是彩色直方图，它把原始图像的RGB三个通道分别取出来进行绘制，统计每个通道上像素的分布，如图3-26所示。

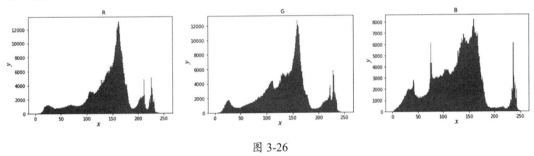

图 3-26

颜色直方图虽然被广泛使用，但是它对于局部区域或图像某单一对象的描述相对较弱，不能呈现图像的局部特征。

2. 纹理特征

纹理特征是图像的一个全局特征，它描述了图像或图像局部区域的表面特性，不能完全反映图像或局部区域的本质属性。与颜色特征不同，纹理特征不是描述像素点的特征，而是对多个像素点组成的像素块或局部区域进行统计计算。

常见的纹理特征提取方法有基于统计的方法、基于模型的方法、基于结构的方法和基于信号处理的方法等，如图 3-27 所示。

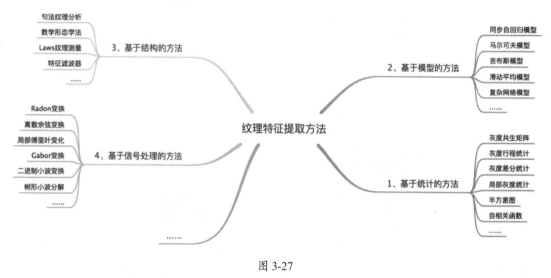

图 3-27

纹理特征不会随着图像的旋转、平移而发生太大变化，但是若图像的分辨率有变化，则纹理特征可能会发生较大的偏差，且容易受到光线、反射等影响。

3．边缘特征

边缘特征是计算机视觉中非常重要的特征，边缘指两个图像区域之间边界的像素，边缘的形状可以是任意的，甚至可能存在交叉。边缘检测的目的是找到图像中亮度变化剧烈的像素点构成的集合，形式上类似于轮廓。

边缘是由于颜色深度、表面方向不连续，或者物体材料不同、光照不同等形成的。边缘检测的方法包括一阶微分边缘算子、Roberts 边缘检测算子、Prewitt 边缘检测算子、Sobel 边缘检测算子和 Canny 边缘检测等。

Canny 边缘检测是比较经典的边缘特征提取方法，Canny 边缘检测的步骤如下。

① 对图像进行高斯滤波降噪处理。得到的图像与原始图像相比有轻微的模糊，但是影响较小。

② 用一阶偏导数的有限差分计算梯度幅值和方向。

③ 对梯度幅值进行非极大值抑制，全局的梯度并不足以确定边缘，因此为确定边缘，必须保留局部梯度最大的点，而抑制非极大值。

④ 用双阈值算法检测和连接边缘。

原图与通过 Canny 边缘检测的图的对比如图 3-28 所示。

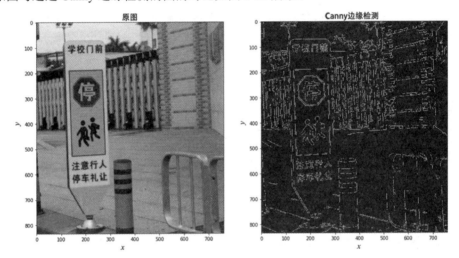

图 3-28

Canny 边缘检测的目标是找到最优的边缘，不仅能够有效地抑制噪声，还能尽量找到边缘的精确位置。

上述介绍的颜色特征、纹理特征、边缘特征均属于比较显式的特征，在实际工作中还会涉及隐式的特征，需要通过以目标为导向的自动化特征进行提取，这也是卷积核的作用。根据视觉业务的需求，通过迭代，自动学习出适合提取特征的卷积核。

3.4.3　指纹识别

前文介绍的是对普通的图像特征进行提取，但是在不同的应用场景中，图像特征也存在特定的方式。

传统的指纹识别（非深度学习方式）是典型的图像特征分析实例，一般在生物识别场景中，是不会直接存储生物图像的。例如，在指纹识别中若直接存储图像，则有暴露隐私的风险，因此基本都是存储特征或特征向量。

指纹的呈现载体是图像，而从业务的角度来看，指纹特征可基本分为两大类，即总体特征和局部特征。总体特征是通过肉眼可以非常直接地观察到的特征,而局部特征则是指纹上的细节特征。指纹的特征示例如图 3-29 所示。

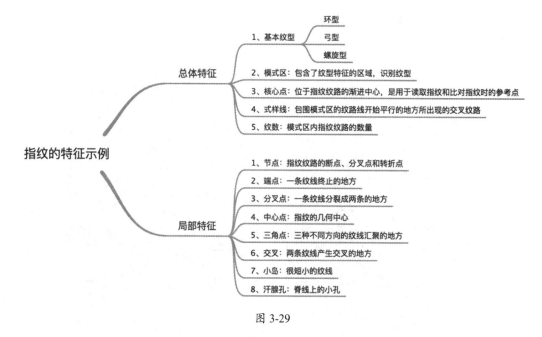

图 3-29

指纹识别的大致流程是指纹采集、图像预处理、特征点提取、特征点匹配等。为了获取上述特征,不仅对图像的采集有严格的要求,对图像预处理也有非常严格的要求。

一般性的图像处理可以使指纹的部分特征能够显现,这表明了在实际应用场景中,图像的特征分为基本特征和业务特征两种。基本特征包括边缘轮廓、颜色分布等;而业务特征则是根据业务需求,选择不同的特征。在指纹识别中选取的指纹特征则属于业务特征,在人脸识别中五官的特征也属于业务特征。

3.5 小结

本章介绍了数据处理与特征提取的基本方法,首先介绍了数据的基本处理,重点介绍了在数据清洗过程中对异常值、缺失值的处理;然后介绍了数据的特征缩放和特征编码,特征编码使得计算效率和特征表示更有意义;接着对数据的降维方法进行了介绍,数据降维可以降低计算复杂度,突出对业务更有意义的特征;最后介绍了图像的基本特征分析。对数据进行有效的处理,分析出有价值的特征是机器学习算法能够有效落地的必要条件。

参考文献

[1] 王国庆. 数据预处理的数据缩减方法的研究[J]. 计算技术与自动化, 2008(02):134-137.

[2] 苏钰. 一种自动化数据挖掘预处理方法[J]. 信息通信, 2019(07):86-87+91.

[3] 王大玲, 于戈, 鲍玉斌, 等. 一种面向数据挖掘预处理过程的领域知识的分类及表示[J]. 小型微型计算机系统, 2003(05):863-868.

[4] 郭志懋, 周傲英. 数据质量和数据清洗研究综述[J]. 软件学报, 2002(11):2076-2082

[5] 李宁宁. 大数据清洗系统中优化技术的研究与实现[D]. 哈尔滨：哈尔滨工业大学, 2016.

[6] 罗向阳, 王道顺, 汪萍, 等. 基于图像多域特征缩放与 BP 网络的信息隐藏盲检测[J]. 东南大学学报（自然科学版）, 2007(S1):87-91.

[7] 柳小桐. BP 神经网络输入层数据归一化研究[J]. 机械工程与自动化, 2010(03):122-123+126.

[8] 杜彦蕊, 李珍, 宋伟宏. 基于特征编码的手写字符识别技术[J]. 计算机工程, 2004, 2004(05):156-158.

[9] 梁杰, 陈嘉豪, 张雪芹, 等. 基于独热编码和卷积神经网络的异常检测[J]. 清华大学学报(自然科学版),2019,59(07):523-529.

[10] 戴云翔, 路东东. 多维数据降维方法[J]. 电子技术与软件工程, 2019(17):170-171.

[11] 温学平. 基于特征选择的数据降维[D]. 武汉：华中科技大学, 2015.

[12] 吴晓婷, 闫德勤. 数据降维方法分析与研究[J]. 计算机应用研究, 2009,26(08):2832-2835.

[13] 高仁祥, 张世英, 刘豹. 基于神经网络的变量选择方法[J]. 系统工程学报,1998(02):34-39.

[14] 王大荣, 张忠占. 线性回归模型中变量选择方法综述 [J]. 数理统计与管理, 2010,29(04):615-627.

[15] 赵明涛, 许晓丽. 参数估计和变量选择的二次推断函数方法研究新进展[J]. 统计与决策, 2019,35(15):22-28.

[16] 蒋青嬗, 钟世川. 随机前沿模型变量选择研究[J]. 统计与决策, 2019,35(07):5-9.

[17] 宋瑞琪, 朱永忠, 王新军. 高维数据中变量选择研究[J]. 统计与决策, 2019, 35(02) :13-16.

[18] 张丽, 马静. 一种基于"特征降维"文本复杂网络的特征提取方法[J]. 情报科学, 2019,37(10):20-25.

[19] 周燕, 曾凡智, 吴臣, 等. 基于深度学习的三维形状特征提取方法[J]. 计算机科学, 2019, 46(09):47-58.

[20] 刘丽, 匡纲要. 图像纹理特征提取方法综述[J]. 中国图象图形学报 2009,14(04):622-635.

[21] 王旭仁, 马慧珍, 冯安然, 许祎娜.基于信息增益与主成分分析的网络入侵检测方法[J].计算机工程,2019,45(06):175-180.

[22] 石洪波, 吕亚丽.因子分析降维对分类性能的影响研究[J].中北大学学报(自然科学版),2007(06):556-561.

[23] 冯国进,顾国华,张保民.指纹图像预处理与特征提取[J].计算机应用研究,2004(05):183-185.

[24] 翟俊海,赵文秀,王熙照.图像特征提取研究[J].河北大学学报(自然科学版),2009,29(01):106-112.

[25] 戴金波. 基于视觉信息的图像特征提取算法研究[D]. 长春：吉林大学,2013.

[26] 张良均. Python 数据分析与挖掘实战[M].北京：机械工业出版社, 2016.

[27] 宋晓宇,王永会. 数据集成与应用集成[M]. 北京：水利水电出版社,2008.

[28] 张维明,汤大权,葛斌. 信息系统工程：第 2 版[M]. 北京：电子工业出版社,2009.

[29] 娄雪. 基于流形学习的分类算法与应用研究[D]. 沈阳：辽宁师范大学, 2019.

[30] 刘佳奇. 基于流形学习的分类算法研究[D]. 沈阳：辽宁师范大学, 2019.

[31] 毕略, 孙文心, 熊伟丽. 一种基于全局信息保持的局部线性嵌入算法及应用[J]. 信息与控制, 2019, 48(04): 445-451.

[32] 叶东升. 多流形嵌入子空间聚类方法研究[D]. 哈尔滨：哈尔滨工程大学, 2019.

[33] 李香元. 基于密度缩放因子的 ISOMAP 降维算法及其应用[D]. 杨凌西北农林科技大学, 2019.

[34] 韩保金. 基于进化算法的数据降维[D]. 天津：天津工业大学, 2019.

[35] 龙鹏. MRI 医学图像增强与分割新方法[D]. 北京：中国科学院大学, 2015.

[36] 马春光, 郭瑶瑶, 武朋, 等. 生成式对抗网络图像增强研究综述[J]. 信息网络安全, 2019(05): 10-21.

第 4 章
机器学习基础

机器学习可以分为传统机器学习和深度学习,以及其他技术,本章从宏观的角度对机器学习的体系结构、一般机器学习规则等进行介绍,从而在共性的理论基础下深入理解机器学习中的各类算法和模型。

4.1 统计学习

4.1.1 统计学习概述

统计学习的研究一般包括三方面：统计学习理论、统计学习方法和统计学习应用。

1. 统计学习理论

统计学习理论（Statistical Learning Theory，SLT）是目前人工智能领域各个技术方向的重要理论基础，它以数理统计为数学基础，是研究从经验数据中学习普适性规律、表现和潜在关系等的方法论基础。同时，它是一种基于统计学、泛函分析等建立的机器学习架构。例如，通过找出预测性函数，解决潜在的问题。

统计学习理论与传统统计学相比，是一种研究训练样本有限的机器学习规律的学科，是一种有别于归纳学习等其他机器学习方法的新型理论。该理论针对样本统计问题建立了一套全新的理论体系。

统计学习理论通过对一些观察样本进行训练，尝试获得一些无法通过原理分析获得的隐藏规律，并利用这些规律分析客观对象，从而可以更准确地预测未知的数据。例如，通过对过去20年的中国人口出生情况，预测未来5年新出生人口量。统计学习理论基本以表4-1中的三个问题为研究重点。

表 4-1

问 题	研究重点
学习性能	能否通过有限的样本学习到解决问题的规律和方法
算法收敛性	在学习的过程中，算法能否有效收敛，以及如何获得最佳的收敛速度
学习的复杂性	学习的模型的复杂度、样本的复杂度及计算的复杂度都是考虑的范畴

2. 统计学习方法

统计学习方法主要研究新的学习方法，统计学习理论主要研究统计学习方法的有效性与效率，以及针对统计学习的一些基本理论问题分析。

感知器、K近邻法、朴素贝叶斯法、决策树、逻辑回归与最大熵模型、支持向量机、最大期望、隐马尔可夫模型和条件随机场等都属于统计学习方法范畴。

3. 统计学习应用

统计学习应用主要从实际应用场景出发，解决实际业务中的问题。统计学习在应用过程中，理论基础和实际业务是相辅相成的，使得应用效果可以达到最佳的状态。

4.1.2 一般研发流程

目前在机器学习算法模型应用中，比较成熟的是传统机器学习和深度学习两部分，两者在研发流程上有一些差异。

1. 传统机器学习流程

传统机器学习流程如图 4-1 所示。

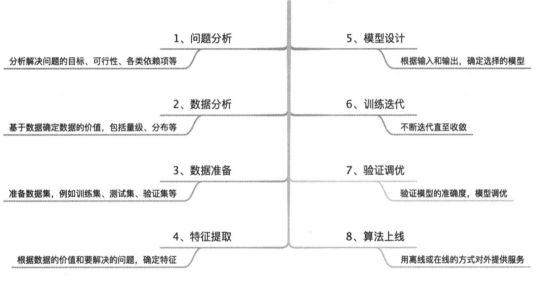

图 4-1

图 4-1 所示的流程并不是绝对流程，而是参考性的基本流程，各步骤之间可能存在相互交叉，对于不同的业务场景、技术方案也不同。

在上述 8 个流程中，问题分析是流程的第一步，它确定了每次研发的动机和目标。如果算法模型在设计方向上不对，则后续没有实际意义。问题分析中的关键思路如表 4-2 所示。

表 4-2

思　路	描　述
需求与问题定义	完成整体的需求分析，以及需要求解问题的抽象，甚至了解需求和问题的大背景

续表

思路	描述
建立问题的数学模型	建立问题的数学模型，通过数学模型验证相关工作的可行性，并评估如何求解最优解，确定最优解的依赖条件（例如要求数据正态分布），如果有必要，还可以建立多种数据模型
确定数据与求解问题之间的关系	基于数学模型初步了解数据与解之间的关系，确定最具可行性的方案和候选方案
目标的可实现性与可评估性	完成问题分析的目的，达成分析报告，包括数学模型转换为可实现的算法模型，以及最终目标达成的可验证性。目标是一个广泛的内容，既可以是业务目标，也可以是算法的归类目标。例如，问题的目标是分类、聚类还是其他类型等

除此之外，由于模型的设计和训练成本非常高，尤其是在时间开销、硬件成本等方面，因此提前将问题分析清楚，有条理地开展后续工作，将会起到事半功倍的效果。模糊的需求定义、不确定的数据关系等会使得整个工作流程出现问题。

2. 深度学习流程

传统机器学习大部分是通过人工的方式提取特征的，然后进行模型的训练和预测。而在深度学习的研发流程中，基础的特征提取是可以通过人工的方式提取的，但是多层复杂的特征提取则要依靠深度学习模型自身的提取能力。

深度学习模型在训练前，需要定义好模型的输入、输出、模型结构、损失函数和优化方法，这五大要素是训练的前提，如表 4-3 所示。

表 4-3

要素	说明
输入	从业务角度抽象过来的自变量，是解决问题的输入因子
输出	从业务角度抽象过来的目标变量，是解决问题的输出结果
模型结构	网络的拓扑结构设计，例如，可以采用现有的网络结构 InceptionV4、VGG 等
损失函数	期望模型的优化方向，可以根据业务情况选择合适的损失函数，例如均方差损失函数等
优化方法	根据优化方法对目标进行逼近，使得损失函数尽可能小

例如，对于指纹识别，如果基于传统机器学习对指纹进行识别，则在提取指纹特征时需要提取指纹的纹型、节点、端点等，然后基于这些特征进行分类或距离计算。但这些特征是处于浅层可感知和被理解的特征，指纹中的多层复杂特征是很难通过人工的方式提取到的，因此深度学习将图像预处理之后的高质量图像作为输入，通过自动提取、拟合的方式找到对指纹识别有用的特征。当然，想要自动提取合适的特征，深度学习需要依赖更多的数据去挖掘特征。

4.2 机器学习算法分类

机器学习算法侧重于用基于函数拟合的方式描述数据，对数据的各类检验偏弱。

4.2.1 体系框架

目前，机器学习算法一般可分为有监督学习、无监督学习和强化学习三种，半监督学习介于有监督学习和无监督学习之间，整体结构如图 4-2 所示。

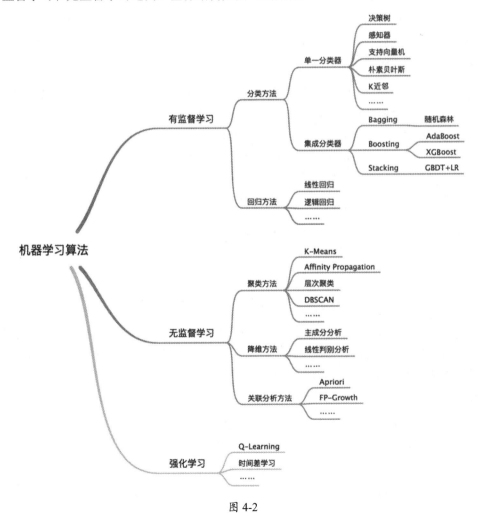

图 4-2

1. 有监督学习、无监督学习及强化学习

（1）有监督学习。有监督学习是根据已有训练集提供的样本(x_i, y_i)进行先验知识的学习，最典型的有监督学习是分类模型。首先不断计算从样本中学习选择特征参数，对分类器建立判别函数，然后对被识别的样本进行分类。它需要一定量级的训练数据，通过对训练数据进行特征提取形成符合特征的分类模型，最后分类模型形成分类器，实现对数据的分类。

有监督学习可以有效利用先验数据对后验数据进行校验，但是缺点比较明显，因为训练数据是人为收集的，所以具有一定的主观性，并且人为收集数据会花费一定的人力成本。另外，分类器分类的结果只能是训练数据中的分类类型，不会产生新的类型。

在有监督学习的回归方法中，如果输出的y是一个连续值，且$f(x)$的输出也是连续的值，则此类问题可以划分为回归问题，以距离计算为主。在有监督学习的分类方法中，如果y是离散的类别标记或者数值，则可以视为分类问题，以概率计算为主。

对于有监督学习的机器学习，给定训练样本(x_i, y_i)，其中i大于1且小于某个常数，x_i表示输入参数，y_i表示期望的输出参数。机器学习是通过训练样本(x_i, y_i)，让系统自动寻找出一个模型函数$f(x)$，使得x_i通过模型函数$f(x)$尽可能输出得到对应的y_i。$f(x)$则有效建立了x_i与y_i的内在关系。一个简单的有监督机器学习系统如图4-3所示。

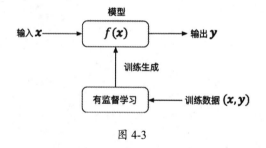

图 4-3

（2）无监督学习。无监督学习是模型本身不进行先验知识的学习，不会对模型进行参数训练，而是使用被预测的样本数据直接进行预测。此类预测只是对不同类型的数据进行了预测，预测后的结果具有不确定性。典型的无监督学习是聚类方法，在神经网络中，生成对抗网络（GAN）、自组织映射（SOM）和适应性共振理论（ART）也是较为常用的无监督学习。

无监督学习对预测结果的选择性较大，预测结果不局限于某个特定的预测类型。由于是无监督学习，所以人为干预较少，结果具备一定的客观性。但是无监督学习的计算过程较为复杂，需要在大量的分析之后才有可能获得较好的预测结果。

无监督学习的优势在于它不需要人工标记数据集，因此出现了类似于弱监督学习和半监督

学习的新机制，但是它们都是基于有监督学习和无监督学习的，即利用无监督学习从大规模的数据样本中获得有效数据，从而降低数据标记成本，这种方式在当下的机器学习中时常被使用。

（3）强化学习。强化学习通过对当前环境下的动作、行为和控制，获得最大化的奖励效果，即在环境给予的奖励或惩罚条件中，逐步适应环境奖励的过程，从而实现最大化奖励的习惯性行为。强化学习与有监督学习的不同之处在于它不需要显式地输入一些样本数据，属于一种在线学习方式。

有监督学习、无监督学习及强化学习的简单对比如表 4-4 所示。

表 4-4

类型 项目	有监督学习	无监督学习	强化学习
输入	已标记的数据集	无标记的数据	决策过程
反馈	直接反馈	无反馈	奖励
用途	分类、预测等问题	发现隐藏结构，聚类问题	动作行为控制

随着深度学习的发展，传统机器学习方法已经开始演进为有监督学习的深度网络、无监督学习的生成网络，以及混合深度网络。这里的混合是指混合系统，是把深度学习与其他机器学习组合。例如，将深度学习的输出概率应用在基于隐马尔可夫模型的语音识别系统中。

2．有监督学习和无监督学习的深入

为了更好地理解机器学习算法，通常将机器学习算法按照机器学习任务进行划分。把有监督学习和无监督学习划分为回归任务、分类任务、聚类任务等，如表 4-5 所示。

表 4-5

方法	介绍
回归任务	回归任务是一种对数值型连续随机变量进行预测和建模的有监督学习方法。回归任务的特点是标注的数据集具有数值型的目标变量，适用房价预测、股票走势等连续变化的场景
分类任务	分类任务是一种对离散型随机变量建模或预测的有监督学习方法，可应用在垃圾邮件分类、图像识别等以类别为输出的场景
聚类任务	聚类任务是一种无监督学习任务，通过数据的内在结构寻找样本的集群，可应用在新闻聚类、客户聚类等场景
降维任务	降维任务是在限定条件下减少随机变量个数，得到一组"不相关"主变量的过程
关联分析 任务	关联分析任务用来发现存在于大量数据集中的关联性或相关性，从而描述事物中某些属性之间的规律和模式，可应用在推荐商品、内容相关性等场景

不同的任务解决不同的场景问题，但是在实际应用中，可以优先考虑当前任务所属的任务类型，根据任务类型进行深度分析，然后解决问题。

4.2.2 模型的形式

在机器学习中有两类经典的模型形式,即产生式模型(Generative Model)和判别式模型(Discrimitive Model),它们都属于有监督学习的范畴。

1. 基本概念

对于输入 x 和输出 y,产生式模型是估算 x 和 y 的联合概率分布 $p(x,y)$,判别式模型是估算 x 和 y 的条件概率分布 $p(y|x)$。产生式模型可以通过转换得到判别式模型,但是判别式模型不能转换为产生式模型。

产生式模型主要通过后验概率建模,从统计的角度表示数据的分布情况,能够较好地反映同一类别数据的相似性;判别式模型不能反映同一类别的本身差异,而是寻找不同类别之间的差异。产生式模型和判别式模型包含的具体算法如图 4-4 所示。

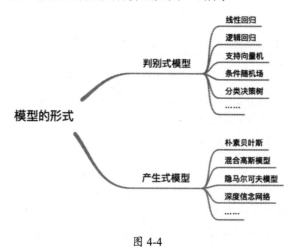

图 4-4

2. 举例说明

下面通过香蕉表皮的"软"和"硬"的特征描述一个香蕉是否已经熟透,随机抽取了四根香蕉,如表 4-6 所示。

表 4-6

抽样编号	特征状态:软或硬	实际是否成熟
1	硬	未成熟
2	硬	未成熟
3	硬	成熟
4	软	成熟

通过产生式模型分析"软"和"硬"特征对香蕉是否成熟的影响，如表 4-7 所示，计算的是联合概率分布 $p(x, y)$。

表 4-7

特 征	成熟比例	未成熟比例
"硬"特征	1/4	2/4
"软"特征	1/4	0

同理，通过判别式模型分析"软"和"硬"特征对香蕉是否成熟的影响，如表 4-8 所示，计算的是条件概率分布 $p(y|x)$。

表 4-8

特 征	成熟比例	未成熟比例
"硬"特征	1/3	2/3
"软"特征	1	0

通过产生式模型和判别式模型的结果可以看出，当香蕉表皮比较硬时，倾向于香蕉未成熟；当香蕉表皮比较软时，倾向于香蕉已经成熟，但是两者分析的角度完全不同。

3．差异对比

产生式模型和判别式模型都是对数据进行描述，判别式模型注重找到一个决策边界，根据这个边界来确定样本的类别；而产生式模型则是找到每个类别的分布，再根据类别的分布情况确定样本的类别。对于含有两个类别 y_1、y_2 的输入样本 x，当计算 x 属于 y_1 或 y_2 类别时，判别式模型计算的是 $p(y_1|x)$ 和 $p(y_2|x)$，而产生式模型计算的是 $p(x_1, y_1)$ 和 $p(x_2, y_2)$，因此它们有各自的特点。除基本思想不同外，产生式模型和判别式模型在不同的应用场景中有各自的优点和缺点。

（1）产生式模型

产生式模型的优点是：

一方面，它统计了数据分布情况，因此包含的信息量比判别式模型要多；

另一方面，它可以通过增量学习的方式不断迭代，而无须每一次都用全量数据来训练模型，模型收敛速度较快。

产生式模型的缺点也比较明显：

一方面，由于学习了更多的样本信息，因此它的计算量较大；

另一方面，产生式模型一般都会基于一定的假设，例如，在朴素贝叶斯模型中会要求特征间独立分布，如果假设存在偏差，则模型的性能必然会受到影响，降低了模型的准确率。

（2）判别式模型

判别式模型的优点比较明显，由于它一直在寻找类别之间的边界，因此它的性能比产生式模型好，需要的样本量和计算量也相对较小，准确率较高，但收敛速度相对较慢。同时，由于它未能对同一类别的数据进行统计，因此不能反映数据本身的特征。

4.3 机器学习的学习规则

4.3.1 误差修正学习

误差修正学习也叫 Delta 学习规则。误差修正学习通常与有监督学习一起使用，是将系统输出与期望输出进行比较，然后使用该误差来改进培训。最直接的方法是使用误差值来调整权重，使用诸如反向传播算法的方式。如果系统输出为 y，并且所需的系统输出已知为 d，则误差值可定义为式（4-1）。

$$e = d - y \qquad (4\text{-}1)$$

误差修正学习方法尝试在每次训练迭代时最小化该误差信号。采用误差修正学习的最流行的学习算法是反向传播算法。

神经元的作用是基于输入向量 $x = (x_1, x_2, x_3, ..., x_n)$ 产生相应的输出 y。为了使神经元的输出符合预期，我们需要训练它。训练样本是一系列已知的 $\tilde{x}$ 和 $\hat{y}$ 数据集，其中 $\hat{y}$ 表示预期的正确输出。可以用式（4-2）来描述实际输出 y 和预期的正确输出 $\hat{y}$ 之间的误差。

$$E = \frac{1}{2}(y - \hat{y})^2 \qquad (4\text{-}2)$$

采用上式是为了计算方便，定义为 $E = |y - \hat{y}|$ 也是没有问题的。学习训练的过程是减少错误 E，直至趋近于 0 为最佳。神经元的错误通过迭代得到最小值，每次根据当前情况进行一点修正，逐渐找到最小目标函数。这与生物神经元逐渐生长的策略略为相似。梯度下降法对于找到这样的最小值有很大的帮助。例如，当寻找一座山谷的最低海拔时，应该试着向下坡方向前行，当然前提是它是一座单一山谷，没有复杂的起伏。如果它是一座起伏不断的山谷，则很容易错误地认为一座局部的小山谷为最低海拔点。对于单个神经元，误差最小化的目标函数是凸函数。

4.3.2 赫布学习规则

赫布理论(Hebbian Theory)是一种神经科学理论,提出了在学习过程中对大脑神经元适应性的解释,描述了突触可塑性的基本机制。其中,突触功效的增加来源于突触前细胞重复且持续刺激突触后细胞。唐纳德·赫布(Donald Hebb)在1949年出版的(*The Organization of Behavior*《行为的组织》)中引入了这一理论。

赫布学习规则是最简单、最传统的神经元学习规则。从神经元和神经网络的角度来看,赫布学习规则的原理可以被描述为一种确定如何改变模型神经元之间权重的方法。如果两个神经元同时被激活,则这两个神经元之间的权重就会增加;如果它们分别被激活,则它们之间的权重会降低。倾向于同时为正或为负的节点具有较强的正权重,而倾向于相反的那些节点具有较强的负权重,这与"条件反射"有一定的相似性,赫布学习规则代表一种纯前馈、无监督学习。

一个简单的赫布学习公式为$w_{ij} = x_i x_j$,其中w_{ij}表示神经元j到神经元i的连接权重,x_i表示神经元i的输入。值得说明的是,一般来说,当i等于j时,w_{ij}的值恒为 0。而对于调节的Δw_{ij},计算公式如下。

$$\Delta w_{ij} = w_{ij}(n+1) - w_{ij}(n) = \eta y_i x_j \tag{4-3}$$

$w_{ij}(n+1)$表示已经进行$n+1$次调整权重之后从节点j到节点i的连接权重;η是学习速率;x_j为节点j的输出,并作为节点i的输入;y_i为节点i的输出。对于赫布学习规则,神经元的输出值可以用$\text{fun}(\boldsymbol{W}^\text{T}\boldsymbol{X})$表示,因此$\Delta \boldsymbol{W}$的计算公式如下:

$$\Delta \boldsymbol{W} = \eta \text{fun}(\boldsymbol{W}^\text{T}\boldsymbol{X})\boldsymbol{X} \tag{4-4}$$

从网络结构来看,可以看作图 4-5 所示的简单的神经网络结构中的神经元更新,每一$\Delta \boldsymbol{W}$都表示神经元中的权重调整策略。

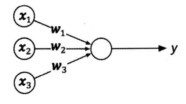

图 4-5

根据图 4-5 所示，输入向量为 $X = (x_1, x_2, x_3)^T$，权重向量 $W = (w_1, w_2, w_3)^T$，设定初始权重向量的值为 $W_0 = (1, 0.5, -1)^T$，三组输入向量 $X_1 = (1, 0.5, 1)^T$、$X_2 = (-2, 1, 2)^T$、$X_3 = (-3, 0, -0.5)^T$，对应的输出 $Y = (1, 0, -1)^T$，设定 η 为 1，同时激活函数约定为阶跃函数 sgn。而已知 $W_1 = W_0 + \Delta W$，因此需要首先计算出 ΔW，对于训练数据的第一组输入向量 X_1，它的 ΔW_1 计算公式如下。

$$\Delta W_1 = \eta \text{fun}(W^T X) X = 1 \times \text{sgn}(W_0^T X_1) X_1 \tag{4-5}$$

通过上述计算即可得到第一组训练的输入 X_1 对应的权重调整，得到新的 W_1 之后，继续对输入向量 X_2 和 X_3 调整权重即可。

4.3.3 最小均方规则

最小均方规则（Least Mean Square，LMS）也被称作 Widrow-Hoff 学习规则，是 1962 年由 Bernard Widrow 与 Marcian Hoff 提出的学习规则。其基本原理是对一组包含 n 个元素的 $(x_1, x_2, x_3, \dots, x_n)$ 的输入作为一个线性组合进行加权求和，把得到的求和结果 y 与期望输出 d 进行比较，计算误差值 e，并根据误差值的大小对权重进行调整。

例如，设定对于 n 个输入元素 $(x_1, x_2, x_3, \dots, x_n)$ 有 n 个对应权重向量 $(w_1, w_2, w_3, \dots, w_n)$，则加权求和 y 可以按照式（4-6）计算。

$$y = x_1 w_1 + x_2 w_2 + x_3 w_3 \dots + x_n w_n = \sum_{i=0}^{n} x_i w_i \tag{4-6}$$

如果以向量的方式则可以表示为式（4-7）。

$$y = W^T X \tag{4-7}$$

实际输出 y 与期望输出值 d 的差值为 e，见式（4-8）。

$$e = d - W^T X \tag{4-8}$$

因此权重向量的调整向量值可以按照式（4-9）计算。

$$\Delta W = \eta (d - W^T X) X \tag{4-9}$$

对于一个具体的 W，则计算公式为式（4-10）。

$$\Delta w_i = \eta(d - W^T X)x_i \tag{4-10}$$

最小均方规则是一种非常简单易懂的学习规则，它的学习方式与神经元的激活函数没有任何关系，也不需要对激活函数求导，不仅学习速度较快，而且有一定的计算精度。权重的初始化也比较自由，最小均方学习规则实则是误差修正学习的一种特例，适用于比较简单的模型训练，最小均方规则学习方法常常用于求解线性回归问题。

4.3.4 竞争学习规则

竞争学习是神经网络中无监督学习的一种形式，通过竞争学习增加网络中每个节点的专业性。竞争学习的原理是，神经网络的输出神经元之间相互竞争以激活自身，即在某一时刻仅有一个输出神经元被激活，这个被激活的神经元被称作竞争胜利的神经元，其他竞争失败的神经元会被抑制。

实验表明，一个兴奋的神经元会对周围的神经元起到抑制作用，使得神经元之间出现竞争。当然也可能促使多个神经元兴奋，但一个兴奋程度较高的神经元会对周围兴奋程度较低的神经元起到抑制作用，其结果是周围神经元整体兴奋程度减弱，从而兴奋程度最强的神经元在这次竞争中胜出，而其他神经元失败。这类抑制作用通常满足一定的函数分布关系。例如，距离越远，抑制作用越弱；距离越近，抑制作用越强。

竞争学习采用"胜者为王"的学习策略，主要分为三个步骤。

① 向量的归一化。由于不同的模式之间单位不一定相同，因此在进行数据处理之前，需要对模式向量 X 进行统一处理，使得模式之间具备可比较性。将神经网络中的输入模式向量 X 和竞争层中各神经元对应的内星权向量 w_j 全部进行归一化处理，按照式（4-11）进行计算。

$$\widehat{X} = \frac{X}{||X||} = \left\{ \frac{x_1}{\sqrt{\sum_{i=1}^{n} x_i^2}}, \cdots, \frac{x_n}{\sqrt{\sum_{i=1}^{n} x_i^2}} \right\} \tag{4-11}$$

② 寻找获胜的神经元。当通过神经网络输入一个模式向量 X 时，竞争层的所有神经元对应的内星权向量与输入模式向量 X 会进行相似性比较，将与 X 最相似的内星权向量判为竞争获胜神经元，其权向量记为 w_j，相似性计算可以采用欧氏距离或余弦法等。

③ 权重调整。"胜者为王"的学习策略约定：获胜的神经元输出为 1，其余神经元的输出为 0，只有获胜神经元才有资格调整其权向量。调整权向量的公式如式（4-12）所示，其中，w_{kj} 表示连接输入节点 j 和神经元 k 的突触权重，η 表示学习速率，通过不断迭代调整，最终使得网络收敛。

$$\Delta w_{kj} = \begin{cases} \eta(x_j - w_{kj}), & 神经元 k 赢得竞争 \\ 0, & 神经元 k 竞争失败 \end{cases} \quad (4\text{-}12)$$

除此之外，竞争学习规则有三个基本要素。

（1）除一些随机分布的突触权重外，一组神经元是相同的，因此对给定的一组输入模式可以做出不同的响应。

（2）对每个神经元的权重施加限制。

（3）这种允许神经元竞争权力来响应给定输入子集的机制，使得每次只有一个输出神经元（或每组仅有一个神经元）被激活。

因此，网络中的各个神经元学习专门从事类似模式的集合，并且成为不同类型输入模式的"特征检测器"。

竞争学习基本消除了代表性冗余，这是生物感觉系统中处理的重要部分。当接收更多的数据时，每个节点收敛到集群的中心，并且对该集群中的输入更强烈地激活，因此对于其他集群中的输入反应更弱。

4.3.5 其他学习规则

1. 玻尔兹曼学习规则

基于玻尔兹曼学习规则的神经网络常被称作玻尔兹曼机。玻尔兹曼机的神经元与其他神经网络的神经元有一定差异，它仅有激活的和抑制的两个状态，即 1 或 0。层与层之间的权重可以用一个 $|V| \times |H|$ 大小的矩阵表示。当网络参数更新时，算法的难点在于对权重和偏置项的求导。由于 V 和 H 中的值为二值化的值，不存在连续且可导的函数进行计算，因此在实际计算过程中，常常借助 Gibbs 采样方法，而玻尔兹曼机的提出者 Hinton 在其中采用了对比分歧的方法来更新模型参数。

2. 外星学习规则

在神经网络中，可以将节点划分为两类节点，一类为内星节点，另一类为外星节点。内星节点的特征是：总是接收来自四面八方的输入加权信号，内星节点是信号的汇聚点，对应的权重向量被称为内星权向量。与内星节点相反，外星节点的特征是：总是向四面八方发出输出加权信号，属于信号的发散点，对应的权重向量被称为外星权向量。外星学习规则属于有监督学习，目的是根据输入生成一个期望的输出，其学习规则可以用式（4-13）表示，含义为尽量使节点j对应的外星权向量向期望的输出d靠近。

$$\Delta W_j = \eta(d - W_j) \tag{4-13}$$

4.4 机器学习的基础应用

4.4.1 基于最小二乘法的回归分析

1. 最小二乘法原理

最小二乘法是线性回归的一种典型方法，属于简单线性回归，也被称作最小平方法。最小二乘法的基本原则是：最优拟合的直线应该是各个点到直线的距离之和尽可能小，即平方和最小。在这个过程中，使用的最多的距离计算方法是欧几里得距离，可以采用式（4-14）的方式进行计算。

$$L(Y, f(X)) = \min \sum_{i=1}^{n}(y_i - f(x_i))^2 \tag{4-14}$$

式中，$y_i - f(x_i)$表示预测值与真实值的差距；$L(Y, f(X))$表示的是平均差距。计算上述损失值的目标是尽可能减小损失。

从可视化的角度看最小二乘法，在二维坐标中有非常多的点分散在其中，试图绘制一条直线，使得这些分散的点到直线的距离最小。这里的距离最小并非点到直线的垂直距离最短，而是点到直线的y值距离最短，即该点到该y轴平行线与直线交点的距离最短。如图4-6所示，拟合一条直线，使得所有点到直线的距离之和最短。

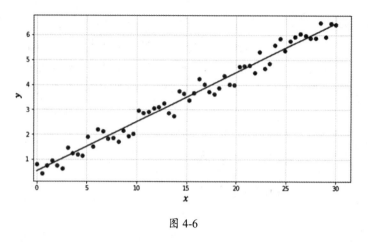

图 4-6

2. 应用示例

某乡镇有五座村庄,现需要为五座村庄修一条笔直的道路,使得五座村庄的交通出行最为方便。最为方便的定义是五座村庄到该道路的距离之和最短,五座村庄的坐标如表 4-9 所示。

表 4-9

变 量	A 村庄	B 村庄	C 村庄	D 村庄	E 村庄
x	10	25	47	56	40
y	20	28	34	42	51

将五座村庄的坐标映射到坐标系中,如图 4-7 所示。

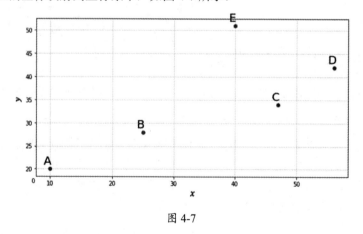

图 4-7

因此可以将上述问题抽象为数学问题:在二维坐标系中存在五个数据点(10,20)、(25,28)、(47,34)、(56,42)、(40,51),试图通过一条直线 $y = ax + b$ 使得五个点到直线的距离最短,求该直线的参数a、b。

可以将五个点分别带入该二元一次方程，得到如下表达式：

$$20 = 10a + b$$
$$28 = 25a + b$$
$$34 = 47a + b$$
$$42 = 56a + b$$
$$51 = 40a + b$$

然后通过最小二乘法进行求解。由于最小二乘法是尽可能使得等号两边的方差值最小，因此公式如下：

$$S(a,b) = [20 - (10a + b)]^2 + [28 - (25a + b)]^2 + [34 - (47a + b)]^2 +$$
$$[42 - (56a + b)]^2 + [51 - (40a + b)]^2$$
$$= 7670a^2 + 356ab - 13780a + 5b^2 - 350b + 6705$$

因此求最小值即可通过对$S(a,b)$求偏导数获得，并使得一阶导数的值为 0，基于上述公式的偏导数：

$$\frac{\partial S}{\partial a} = 15340a + 356b - 13780$$

$$\frac{\partial S}{\partial b} = 356a + 10b - 350$$

通过上述公式即可得到关于求解未知变量a、b的二元一次方程：

$$\begin{cases} 15340a + 356b - 13780 = 0 \\ 356a + 10b - 350 = 0 \end{cases}$$

求解上述二元一次方程即得到$a = 0.4950495$，$b = 17.37623762$。因此，针对五座村庄的修路问题，可以通过最小二乘法得到直线方程：$y = 17.37623762 + 0.4950495x$，是使得五座村庄到该道路的距离之和最短的直线，如图4-8所示。

最小二乘法是最简单的拟合形式，通过定义的拟合函数形式，可以决定其解决问题的方式。本例中定义的拟合函数是$y = ax + b$，可以往更高的方向去，例如，x的二次方、三次方等，随着函数复杂度的上升，拟合会越来越强，但是对数据的依赖也越来越多。

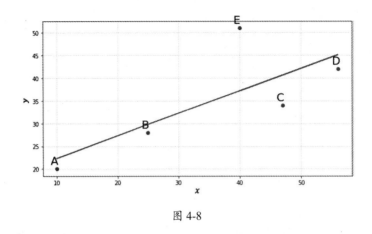

图 4-8

4.4.2 基于 K-Means 的聚类分析

1. K-Means 的基本原理

K-Means 是聚类分析中比较简单的一种。K-Means 的核心思想是:"物以类聚,人以群分",不同于 KNN 的少数服从多数的思想。即已知观测的数据集 $X = \{x_1, x_2, x_3 ..., x_n\}$,K-Means 是把这 n 个观测值划分到 $k(k \leqslant n)$ 个子集中,使得每个子集内的距离和最小。用公式表示则如式(4-15)所示。

$$\underset{S}{\arg\min} \sum_{i=1}^{k} \sum_{X \in S_i} ||X - \mu_i||^2 \qquad (4\text{-}15)$$

式中,S_i 表示 k 个聚簇中的第 i 个聚簇;μ_i 表示 S_i 中所有点的均值点。

K-Means 的计算方法大致如下:首先从数据集合中选择任意 K 个数据作为最初始的聚集中心点,在计算出所有数据与中心点的距离后,选择最近的点作为自己的新聚簇。在形成新的聚簇集合后,再计算出 k 个聚簇的中心平均值,确定中心点位置。然后不断迭代上述过程,直到达到预先设定的迭代次数,或者聚簇中心不再改变或处于波动状态为止。

2. 示例

假设有 12 座村庄,因为这 12 座村庄的电话信号一直不是很好,所以电信局计划为这 12 座村庄安装通信基站,但是每个基站至多可以给 5 座村庄使用,且距离越远,信号越差。因此施工单位打算按照最低成本安装 3 个基站,每个基站为若干座村庄使用。这三个基站的最佳位置安装在何处,才能使得 12 座村庄的平均电话信号最好?12 座村庄的坐标如表 4-10 所示。

表 4-10

变量	1	2	3	4	5	6	7	8	9	10	11	12
x	15	12	14	8	11	6	12	8	15	12	5	11
y	15	9	12	9	9	12	12	10	3	6	12	8

将上述 12 座村庄的坐标映射到坐标系中,大致如图 4-9 所示。

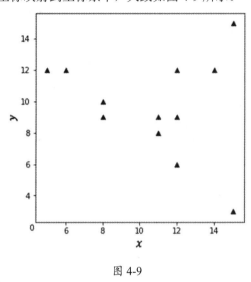

图 4-9

我们将上述问题抽象为数学问题:已知 12 个点的坐标,试图将 12 个点划分为三个子集,使得三个子集内的距离之和最小,距离的计算方式可以采用欧几里得距离。

首先随机选择三个坐标,例如(15,15)、(11,9)、(5,12),作为初始三个聚簇的中心点,即把村庄 1、5、11 作为初始中心,然后计算其他村庄与村庄 1、5、11 的距离,计算结果如表 4-11 所示。

表 4-11

	1	2	3	4	5	6	7	8	9	10	11	12
1	0	6.7	3.2	9.2	7.2	9.5	4.2	8.6	12	9.5	10.4	8.1
5	7.2	1.0	4.2	3.0	0	5.8	3.2	3.2	7.2	3.2	6.7	1.0
11	10.4	7.6	9.0	4.2	6.7	1.0	7.0	3.6	13.4	9.2	0	7.2

根据计算的距离,整理所有村庄与村庄 1、5、11 最近的村庄集合,分别形成三个聚簇 A、B、C。例如,村庄 2 距离村庄 5 最近,则村庄 2 和村庄 5 属于同一个聚簇,整体的聚簇结果如表 4-12 所示。

表 4-12

聚簇编号	村庄集合
A	1、3
B	2、4、5、7、8、9、10、12
C	6、11

对于每一个聚簇 A、B、C 的村庄坐标，计算它们的平均坐标，得到的三个平均坐标即为三个聚簇的中心点。然后不断计算每一座村庄坐标与新的聚簇中心点的距离，并更新新的聚簇中心点，直到每一座聚簇的村庄稳定且距离基本不再变化。最终稳定时，每座村庄所属的聚簇编号如表 4-13 所示。

表 4-13

	1	2	3	4	5	6	7	8	9	10	11	12
聚簇编号	C	B	C	A	B	A	B	A	C	A	B	B

最终计算的三个聚簇中心坐标点为(6.75,10.75)、(12.2,7.0)、(13.67,13.0)，通过坐标系绘制结果如图 4-10 所示。图中的三个"▲"为三个聚簇的中心点，相同形状表示为同一个聚簇，因此三个基站可以建设在三个聚簇中心点上。

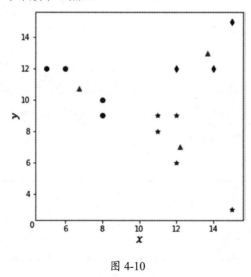

图 4-10

另外，对于最开始的聚簇中心点可以通过随机的方式选择。但在实际使用时，可以对初始化进行改进，例如，通过 K-Means++的方式，先扫描所有点，将距离差距最大的点作为初始化点，这样可以减少迭代次数，加速收敛。

4.4.3 基于朴素贝叶斯的分类分析

1. 朴素贝叶斯的基本原理

朴素贝叶斯的核心是贝叶斯定理,贝叶斯定理是概率论中的定理,描述在已知一些条件下,某事件的发生概率。例如,已知阿尔茨海默病与年龄有相关性,则可以通过年龄去推测患阿尔茨海默病的概率。

一般来说,事件 A 在事件 B 已发生的条件下发生的概率,与事件 B 在事件 A 已发生的条件下发生的概率是不一样的,而贝叶斯定理则是描述这两者之间的概率关系,贝叶斯计算公式如下。

$$P(A|B) = \frac{P(B|A) \times P(A)}{P(B)} \tag{4-16}$$

式中,A和B都属于随机事件;$P(A|B)$表示在事件B发生的情况下事件A发生的概率。

如果应用到分类场景,则A表示类别,B表示类别的属性特征。因此,基于贝叶斯定理的朴素贝叶斯分类器相对流程比较简单,首先在所有训练样本中计算出每个类别的概率$P(A)$;其次计算出每个分类维度下特征发生的概率$P(B|A)$,最后计算每个分类维度下特征发生概率与每一个类别的乘积,即$P(B|A) \times P(A)$,选择其中较大的一个作为类别。

朴素贝叶斯的应用前提是假定了样本的特征之间没有任何相关性。例如,用身高和体重去分析一个人的健康情况,则相当于假设了身高和体重是两个完全无关的特征。朴素贝叶斯的优势是:一、原理非常简单,二、只需根据少量的训练数据估计出必要的参数即可。

2. 示例

假设判断一个桃子的酸甜度有三个特征维度:形状、大小、颜色。形状仅有"规则"和"畸形"、大小仅有"大"和"小"、颜色仅有"红色"和"黄色"。先抽取 10 个样本,对其中的 6 个样本通过口尝酸甜度得到如表 4-14 所示数据。

表 4-14

样　本	形　状	大　小	颜　色	实际酸甜度
1	规则	大	黄色	甜
2	畸形	小	黄色	酸
3	规则	小	红色	甜
4	规则	大	黄色	酸
5	畸形	小	红色	甜
6	畸形	大	黄色	酸

现随机选择另外 4 个样本中的一个,特征表述如表 4-15 所示,求通过朴素贝叶斯估算它的酸甜度。

表 4-15

样本	形状	大小	颜色	酸甜度
7	规则	小	黄色	?

在计算之前,假定影响桃子酸甜度的三个特征(形状、大小、颜色)是相互独立的,无相关干扰,类别用 C 表示,特征用 U 表示。首先,通过样本计算每个类别的概率,计算公式如下:

$$P(C_{酸}) = P(C_{甜}) = \frac{3}{6} = \frac{1}{2}$$

其次,计算特征在每一个类别的下的条件概率,如表 4-16 所示。

表 4-16

特征	酸甜度:酸	酸甜度:甜
形状(规则)	$P(U_{形状=规则}|C_{酸}) = \frac{1}{3}$	$P(U_{形状=规则}|C_{甜}) = \frac{2}{3}$
大小(小)	$P(U_{大小=小}|C_{酸}) = \frac{1}{3}$	$P(U_{大小=小}|C_{甜}) = \frac{2}{3}$
颜色(黄色)	$P(U_{颜色=黄色}|C_{酸}) = 1$	$P(U_{颜色=黄色}|C_{甜}) = \frac{1}{3}$

根据贝叶斯定理计算,则:

$$P_{酸} = P(C_{酸}) \times P(U_{形状=规则}|C_{酸}) \times P(U_{大小=小}|C_{酸}) \times P(U_{颜色=黄色}|C_{酸}) = \frac{1}{18}$$

$$P_{甜} = P(C_{甜}) \times P(U_{形状=规则}|C_{甜}) \times P(U_{大小=小}|C_{甜}) \times P(U_{颜色=黄色}|C_{甜}) = \frac{2}{27}$$

因此 $P_{甜} > P_{酸}$,即基于样本统计,形状为"规则"、大小为"小"、颜色为"黄色"的桃子酸甜度预估偏甜。

尽管贝叶斯定理的独立性假设常常是不精准的,导致在大多数情况下不能对类概率做出非常准确的估计,但在实际应用中,很多时候并不要求绝对的概率。朴素贝叶斯分类器作为经典的分类算法,在各个领域依然有广泛的应用,并且在实践中可以取得较好的效果。

4.5 小结

本章介绍了统计学习的形式、定义，以及一般性的机器学习研发流程，规范的流程可以帮助机器学习算法更好的落地。机器学习算法可以分为有监督学习、无监督学习和强化学习三种，根据任务的不同又可以分为分类任务、聚类任务等，但无论哪种形式都是从不同的角度看待机器学习算法。本章还介绍了机器学习的学习规则，学习规则对于读者掌握机器学习的底层思想非常重要。最后通过简单的应用表述了最小二乘法、K-Means、朴素贝叶斯等经典算法的应用方法。

参考文献

[1] 周志华. 机器学习[M]. 北京：清华大学出版社, 2016.

[2] 李航. 统计学习方法[M]. 北京：清华大学出版社, 2012.

[3] 刘凡平. 神经网络与深度学习应用实战[M]. 北京：电子工业出版社, 2018.

[4] 赵玲玲, 刘杰, 王伟. 基于 Spark 的流程化机器学习分析方法[J]. 计算机系统应用,2016,25(12):162-168.

[5] 黄宜华. 大数据机器学习系统研究进展[J]. 大数据,2015,1(01):35-54.

[6] 来学伟. 深度学习无监督学习算法研究[J]. 福建电脑,2018,34(09):102-103.

[7] 杨盛春, 贾林祥. 神经网络内监督学习和无监督学习之比较[J]. 徐州建筑职业技术学院学报,2006(03):55-58.

[8] 黄宝健, 孙明轩, 张学智. 带有初始误差修正的迭代学习控制[J]. 自动化学报, 自动化学报,1999(05):716-718.

[9] 彭真明, 安鸿伟, 张淑芹, 等. 演化神经网络学习方法及其应用[J]. 石油地球物理勘探,2001(02): 193-197+219-262.

[10] 李晓峰, 徐玖平, 王荫清, 等. BP人工神经网络自适应学习算法的建立及其应用[J]. 系统工程理论与实践,2004(05):1-8.

[11] 黄家裕. 认知神经的可塑性:赫布理论的哲学意蕴[J]. 哲学动态,2015(09):104-108.

[12] 李龙. 模糊神经网络学习算法及收敛性研究[D]. 大连：大连理工大学,2010.

[13] 杜威,丁世飞. 多智能体强化学习综述[J]. 计算机科学,2019,46(08):1-8.

[14] 张亚昕. 不确定数据聚类算法研究[J]. 计算技术与自动化,,2013,32(02):60-63.

[15] 张艳霞. 基于受限玻尔兹曼机的深度学习模型及其应用[D]. 成都：电子科技大学,2016.

[16] 张健,丁世飞,张楠,等. 受限玻尔兹曼机研究综述[J]. 软件学报,2019,30(07):2073-2090.

[17] 田垅,刘宗田. 最小二乘法分段直线拟合[J]. 计算机科学,2012,39(S1):482-484.

[18] 鲁铁定,陶本藻,周世健. 基于整体最小二乘法的线性回归建模和解法[J]. 武汉大学学报(信息科学版),2008(05):504-507.

[19] HARTIGAN J A, WONG M A. Algorithm AS 136: A K-Means Clustering Algorithm[J]. Journal of the Royal Statistical Society, 1979, 28(1):100-108.

[20] ARTHUR D, VASSILVITSKII S. K-Means++: The advantages of careful seeding[R]. SODA, 2017:1027-1035.

[21] 李琼阳,田萍. 基于主成分分析的朴素贝叶斯算法在垃圾短信用户识别中的应用[J]. 数学的实践与认识,2019,49(01):134-138.

[22] 林江豪,阳爱民,周咏梅,等. 一种基于朴素贝叶斯的微博情感分类[J]. 计算机工程与科学,2012,34(09):160-165.

[23] 雷正. 基于生成式模型的视频异常场景检测研究与实现[D]. 北京：北京邮电大学,2019.

[24] 孙成立,王海武. 生成式对抗网络在语音增强方面的研究[J]. 生成式对抗网络在语音增强方面的研究

[25] 朱军,胡文波. 贝叶斯机器学习前沿进展综述[J]. 计算机研究与发展,2015,52(01):16-26.

第 5 章
模型选择和结构设计

模型选择和结构设计是机器学习过程中比复杂的部分,一般情况下需要不断迭代、不断尝试,在"试错的"过程中总结出合适的模型和结构,作为技术方案中的关键部分。一个好的模型可以在尽可能少的数据集、尽可能少的迭代下达到更好的性能。

5.1 传统机器学习模型选择

传统机器学习模型众多，然而从中寻找一个适合业务的模型并非易事。在实际应用中，一般采用启发式学习方式进行选择，例如，最开始先用较为经典的模型进行尝试，然后逐步寻找适合的模型。

5.1.1 基本原则

模型选择是一个循序渐进的过程，在选择机器学习模型时，有两个通用的基本原则：明确的方向、简单的设计。

1．明确的方向

明确的方向主要针对的是待解决的问题。例如，问题属于回归问题、分类问题，还是聚类问题，应当有一个明确的方向。明确方向之后，才能确定应该选择何种类型的算法，这对于最终业务成果的输出非常关键。

以人脸识别为例，它既可以属于分类问题，也可以属于聚类问题。分类问题可以理解为每个人都属于特定的一种类别，而聚类问题可以理解为每个人都属于一个聚类，凡是在某个聚类范围之内的人脸都属于同一人或相似人脸，这也是产生式模型和判别式模型的差异。如果业务场景只需要将人脸区分开，则利用分类模型解决最优；如果业务场景需要找出相似人脸，则可以考虑聚类模型。

明确问题方向可以确定模型的选择方向，如分类模型、回归模型、聚类模型等，为后续的模型选择奠定基础。

2．简单的设计

简单的设计的前提是保障模型性能。简单的设计包括两个方面，即模型的理论足够简单和模型的实现足够简单。理论简单可以使更多的人能够用更小的成本理解理论，并基于理论的可行性做出更优的判断；实现简单则可以让我们花更小的代价去实现模型，为业务的迭代、改进提供前提条件。

例如，对于分类问题，倘若通过朴素贝叶斯能够解决，则不建议使用深度神经网络，因为对数据的要求、计算性能、模型的使用等，朴素贝叶斯更简单。从解决问题的角度出发，可以优先考虑线性分类模型，其次是尝试经典的支持向量机和树相关的模型，最后尝试考虑多层感知器、全连接深度神经网络和卷积神经网络等，通过这样由浅入深、有简到难的选择过程，逐步确定每个模型的可行性。

在启动一个复杂项目的机器学习模型选择时，依然遵循足够简单的原则。一般来说，即便是复杂的模型，也不会一开始就设计得非常复杂，而是通过基线模型逐步迭代和改善得到的。

一般情况下，简单的模型对测试环境的依赖、测试效果的评估也相对较为简单，对整个系统来说，则是用尽可能小的成本达到尽可能好的效果。

5.1.2 经典模型

从适用问题、模型特点等角度来看，常见的传统机器学习算法模型的概况如表 5-1 所示。

表 5-1

模型类型	适用问题	模型特点	模型类型	学习策略	损失函数	优化方法
感知器	二分类	分离超平面	判别式模型	最小化误分点到超平面的距离	误分点到超平面的距离	随机梯度下降
KNN	多分类、回归	特征空间，样本点	判别式模型	无显式的学习过程，直接预测	-	-
朴素贝叶斯	多分类	特征与类别的联合概率分布，条件独立假设	生成式模型	极大似然估计，极大后验概率估计	对数似然损失	概率计算公式、EM 算法
决策树	多分类、回归	分类树、回归树	判别式模型	正则化的极大似然估计	对数似然损失	特征选择、生成、剪枝
逻辑回归最大熵模型	多分类	特征条件下类别的条件概率分布，对数线性模型	判别式模型	极大似然估计，正则化的极大似然估计	Logistic Loss	改进的迭代尺度算法、梯度下降法、拟牛顿法
支持向量机	二分类	分离超平面，核技巧	判别式模型	最小化正则 Hinge Loss，软间隔最大化	合页损失	序列最小最优化算法（SMO）
AdaBoost 方法	二分类	弱分类器的线性组合	判别式模型	最小化加法模型的指数损失	指数损失	向前分步加法算法
隐马尔可夫模型	序列	观测序列与状态序列的联合概率分布模型	生成式模型	极大似然估计，极大后验概率估计	对数似然损失	概率计算公式、EM 算法
条件随机场	序列	状态序列条件下观测序列的条件概率分布，对数线性模型	判别式模型	极大似然估计，正则化极大似然估计	对数似然损失	改进的迭代尺度算法、梯度下降法、拟牛顿法

5.2 经典回归模型的理解和选择

回归分析是一种预测建模技术的方法，它研究因变量和自变量之间的潜在关系，并通过这种潜在关系，对未知数据进行预测。回归分析通常用在预测、时间序列模型和寻找变量之间因果关系的应用场景中。

对应回归分析的模型常见的有七类：简单线性回归、逻辑回归、多项式回归、逐步回归、岭回归、Lasso 回归和 ElasticNet 回归。

回归模型不一定是专门针对回归问题而产生的模型，例如，K 近邻算法常常被用于分类问题，有时也用于回归问题。

5.2.1 逻辑回归

逻辑回归（Logistics Regression）是一种分类方法，逻辑回归可分为二元逻辑回归和多元逻辑回归两种。对于二元逻辑回归，即给定一个输入，输出 True 或 False 来确定它是否属于某个类别，并给出属于这个类别的概率。逻辑回归简单、高效，应用非常广泛，在分类模型中占据非常重要的地位。

逻辑回归的数学描述比较简单，输入为向量 X，中间有一个临时变量为 t，W 和 b 为模型参数，公式如下。

$$t = WX + b \tag{5-1}$$

t 值仅呈现线性相关，式（5-2）的 $h(t)$ 可表示非线性关系。一般采用 Sigmoid 函数作为转换函数 $h(t)$，Sigmoid 函数公式如下。

$$h(t) = \frac{1}{1 + e^{-t}} \tag{5-2}$$

Sigmoid 的函数曲线如图 5-1 所示，Sigmoid 函数的取值区间在 (0,1)，因此最终的结果取值范围也在 (0,1) 内。

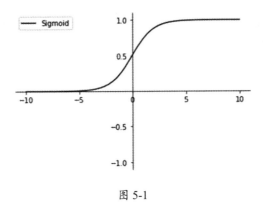

图 5-1

把式（5-1）代入式（5-2），即可把Sigmoid函数的公式化简为逻辑回归的表达式，如式（5-3）所示。

$$f(X) = \frac{1}{1+e^{-wx}} \tag{5-3}$$

对于 t 表达式中的参数 b，可以理解为 b 乘以一个值为 1 的 w_0，因此可以将 b 化简到 X 的系数 W 中。通过Sigmoid函数的取值区间(0,1)来确定输出的是 False 还是 True，进而达到二分类的目的。

从应用的角度，逻辑回归可以分为二元逻辑回归、多元无序逻辑回归和多元有序逻辑回归三种，如表 5-2 所示。

表 5-2

类 型	因变量 y 的取值示例	描 述
二元逻辑回归	（"成功"或"失败"）、（"存在"或"不存在"）等	处理简单的二分类问题
多元无序逻辑回归	（"苹果"、"香蕉"、"梨子"）	处理多分类问题，且类别之间无对比
多元有序逻辑回归	（"不喜欢"、"无所谓"、"喜欢"、"很喜欢"）	处理多分类问题，且类别之间存在对比

在大部分场景下，逻辑回归通过二分类的形式去估计某件事情发生的概率。对于多分类问题，在实际应用过程中需要基于二分类的逻辑回归进行改进并引入 Softmax 函数，可以理解为是多个二元逻辑回归的组合，并将组合的结果用 Softmax 函数映射到更多类别上。

5.2.2 多项式回归

已知存在 6 个点，它们的二维坐标分别为(100,170)、(150,180)、(180,210)、(200,300)、(300,310)和(400,320)，现通过多项式回归的方式对该数据点进行拟合。倘若按照简单线性回归的方式，则它们的表达式为 $y = 0.54119279 \times x + 128.36893204$，如图 5-2 所示。

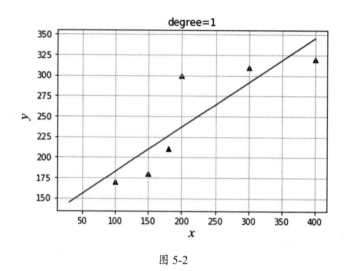

图 5-2

通过简单线性回归之后,虽然每个点到直线的距离之和已经最短,但是可以看到并没有一个点落到直线上,并且部分点距离直线的距离依然较远,导致模型的实际精准度并不高,因此需要通过多项式回归的方式对 6 个点进行回归。

多项式回归(Polynomial Regression)是一种常见的回归分析方法,被称为多项式的原因在于自变量 x 和因变量 y 之间的关系被建模为关于 x 的 n 次多项式,通过多项式回归拟合 x 的值与 y 呈现非线性关系。例如,简单线性回归的表达式为 $\boldsymbol{y = wx + b}$,多项式回归的表达式如式(5-4)所示。

$$y = w_1 x + w_2 x^2 + w_3 x^3 + \cdots + w_n x^n + b \qquad (5\text{-}4)$$

多项式回归拟合的曲线如图 5-3 所示,对若干个点采用曲线拟合的方式进行了拟合覆盖。

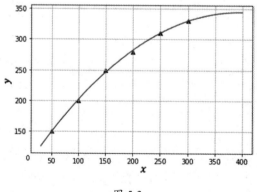

图 5-3

依然对 6 个点(100,170)、(150,180)、(180,210)、(200,300)、(300,310)和(400,320)进行多项式回归，基于式（5-5）的形式进行多项式回归，其拟合曲线如图 5-4 所示。

$$y = w_1 x + w_2 x^2 + b \qquad (5\text{-}5)$$

可以发现与图 5-2 相比，图 5-4 的拟合能力已经有了较大的改善，能够根据数据点的趋势实现曲线的拟合。

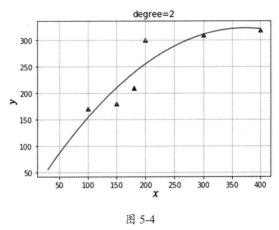

图 5-4

基于图 5-4 的思路，将 *x* 的指数调整为 3 次幂和 4 次幂的多项式回归效果如图 5-5 所示。

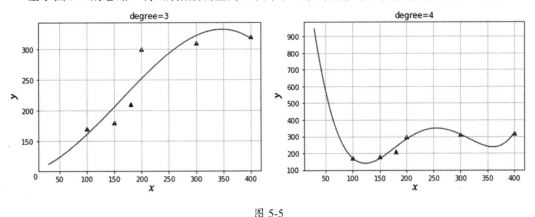

图 5-5

可以明显看出，指数为 4 次幂的多项式回归的拟合能力非常强。通过调整变量的指数，可以使得模型的拟合能力大大增强，但也正是由于仅通过简单调整指数就能增强拟合能力，所以在实际应用中，如果多项式回归的参数控制不当，则容易导致过拟合。例如，图 5-5 中指数为 4

次幂的多项式回归结果，x在(0,100)区间的值是存在非常大的不确定性的。

5.2.3 各类回归模型的简单对比

简单线性回归、逻辑回归、多项式回归、逐步回归和岭回归都是比较经典的回归模型，它们之间的对比如表 5-3 所示。

表 5-3

回归模型	优点	缺点	场景描述	场景案例
简单线性回归	(1)建模迅速、计算快，数据量需求少，原理极其简单； (2)可理解性强	(1)对异常值非常敏感； (2)在处理非线性问题时偏差较大，导致结果不准	(1)用一个连续型的解释变量预测一个连续型的响应变量 (2)适合于小数据量、简单的关系，数据分布稳定，噪声较少	如原料与成本、路程与油耗等
逻辑回归	(1)计算量小、存储占用低，处理速度快，可用于大数据环境； (2)模型理论简明，参数代表每个特征对输出的影响，可解释性强； (3)输出值自然地落在 0 到 1 之间，并且有概率意义； (4)可以使用在线学习的方式更新参数，不需要重新训练整个模型	(1)当处理特征空间很大时，整体性能下降； (2)本质上是一个线性的分类器，所以处理不好特征之间相关的情况； (3)容易导致欠拟合，从而使模型精度降低	(1)用一个或多个解释变量预测一个类别型响应变量； (2)线性可分，输出类别服从伯努利二项分布，不必在意特征间的相关性	如广告的 CTR 预估、流量是否属于正常等
多项式回归	(1)能够拟合非线性可分的数据，可以更加灵活地处理复杂的关系； (2)通过设置变量的指数，能够快速迭代拟合数据	(1)需要对数据提前理解，通过先验知识设置变量的指数； (2)如果指数选择不当，则极易出现过拟合现象	用一个或多个连续型的解释变量预测一个连续型的响应变量，模型的关系是 n 阶多项式	如分析商品利润与人力成本、原料成本之间的关系
逐步回归	(1)多元回归分析理论比较成熟，易于理解； (2)由于剔除了不重要的变量，因此无须求解一个很大阶数的回归方程，显著提高了计算效率	(1)某些参数的确定需要一定的经验； (2)多元回归分析建立在线性回归基础之上，而实际上大部分业务场景都是非线性的，因此存在一定局限性	(1)逐步回归可以看成一种降维方法，它可以用最少的变量去最大化模型的预测能力； (2)具备周期性的回归分析	如周期性降水预报、汛期预测等

续表

回归模型	优　　点	缺　　点	场景描述	场景案例
岭回归	（1）可对变量之间共线性比较严重或病态数据偏多的数据类型做回归分析，对这类数据做回归分析得到的回归系数更加符合实际，也更加可靠； （2）能让估计参数的波动范围变小，变得更稳定	对系数进行估计时，会损失部分信息、降低精度	数据点少于变量个数、所有变量之间有较强的线性相关性、变量之间的数据变化较小、部分变量之间线性相关	如财政收入与农业总产值、总人口、就业人口等因素分析场景

5.3　经典分类模型的理解和选择

5.3.1　K近邻算法

K近邻（K-Nearest Neighbor，KNN）算法查找的是最近邻的K个样本点，是一种用于分类和回归的统计方法。它以某个数据为中心，分析离其最近的K个邻居特征，获得该数据中心可能的特征。在如图5-6所示的三个类别的元素坐标图中，对于数据点"+"，可以通过K近邻算法判定其属于某一种类别的可能性最大。

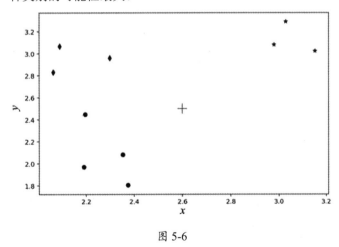

图 5-6

K近邻算法的核心思想是用距离最近的K个样本数据代表目标数据的分类类别，其大致计算步骤如下。

① 计算目标数据与各个样本数据之间的距离，距离的计算方式有欧氏距离、马氏距离、曼哈顿距离、切比雪夫距离等，可根据实际业务选择具体的距离计算方式。

② 对于计算的距离，按照距离由近及远的顺序进行排序，并选取距离最近的K个样本。

③ 统计分析这K个样本的类别分布，把分布频率最高的类别作为目标数据所属的类别。

例如，当K取 5 时，预测图 5-7 中"+"数据点所属的类别。首先寻找距"+"数据点最近的 5 个样本点，显然"+"数据点更属于"☆"类别；当K取 11 时，依然是相同的结论。

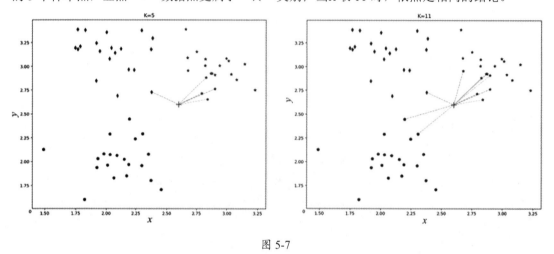

图 5-7

对于K近邻算法，K值的选择非常重要。若K取值过小，如果近邻中有噪声，则会导致类别有偏差。若K取值过大，则会导致与目标数据相距较远的样本也参与了类别的统计，导致最终的分类出现一定的偏差。在最坏情况下，若K值取整个样本空间的值，则目标数据为整个样本中最大的类别，但这显然是不够准确的。因此K的取值有一定的技巧。例如，K值最好不要超过 20，最好不是类别数的整数倍等。如果是二分类，则K值最好是奇数。

5.3.2 支持向量机

支持向量机（Support Vector Machine，SVM）又称为最大边缘分类器，属于一般化的线性分类器。线性分类器的特点是它们可以同时将经验误差最小化和集合边缘最大化。支持向量机的目标就是找出间隔最大的超平面作为分类边界。

对于数据集$\{(x_1, y_1), (x_2, y_2), (x_3, y_3) ... (x_n, y_n)\}$，其中$x_i$表示某特定维度的向量，$y_i$表示$x_i$所属的类别为-1 或 1。支持向量机的目标是找出将$y_i = 1$的向量集和$y_i = -1$的向量集分开的最大间隔的超平面，目的是使得超平面到附近点的间隔距离最大化。对于任意一个超平面，都可以用$\vec{w}\vec{x} - b = 0$来表述，其中w和b分别代表超平面的法向量和截距。

如果数据集是线性可分的，则可以找到两个超平面作为间隔边界进行类别的判定，两个超平面为$\vec{w}\vec{x} - b = 1$和$\vec{w}\vec{x} - b = -1$，如图5-8所示。

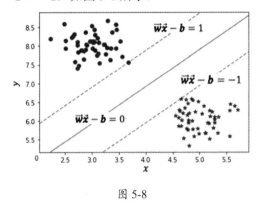

图 5-8

对于所有的$wx - b > 1$，都可以判定$y_i = 1$。同理，对于所有的$wx - b < -1$，都可以判定$y_i = -1$。在分开数据的超平面的两边建立两个互相平行的超平面，分隔超平面使两个平行超平面的距离最大化。一般来说，平行超平面间的距离或差距越大，分类器的总误差越小。

5.3.3 多层感知器

多层感知器（Multilayer Perceptron，MLP）是一组前向结构的人工神经网络，感知器是从生物学的神经网络中抽象出来的算法模型。

生物学中的神经元可以分为树突、突触、细胞体及轴突。单个神经元可以被视为仅有两种存在状态：一种是激活态，另一种是抑制态。神经网络系统的状态取决于传递该神经元的信息量及突触。当信息量超过某个阈值时，该神经元处于激活态，同时神经元产生电脉冲。产生的电脉冲通过轴突和突触传递给其他神经元。

感知器即模拟生物学神经网络的过程，将突触视为权重，将阈值视为偏置，将细胞体视为激活函数。

1. 单层感知器

多层感知器的"多层"是相对于"单层"感知器而言的，单层感知器结构如图5-9所示，它仅由输入层和输出层组成。输入层输入的是特征，输出层输出的是解决问题的结果。

从数学模型的角度来看，单层感知器的结构如图 5-10 所示。

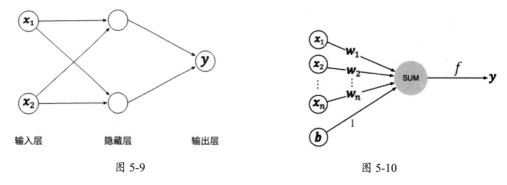

图 5-9　　　　　　　　　　　　　图 5-10

这是一个有 n 维输入的单层感知器，$x_1 \sim x_n$ 表示输入的 n 个向量，$w_1 \sim w_n$ 对应每一个向量的权重，b 为偏置，一个不依赖于任何输入向量的常量，f 表示激活函数。偏置可以理解为激活函数的偏移量，最终 y 为输入 n 维向量之后的输出结果，如式（5-6）所示。

$$y = f\left(\sum_{i=1}^{n} w_i x_i + b\right) = f(\mathbf{W}^\mathrm{T}\mathbf{X}) \tag{5-6}$$

2. 多层感知器

多层感知器与单层感知器相比，增加了隐藏层，其结构如图 5-11 所示，是单层感知器的扩展。多层感知器至少包含一层隐藏层，多层感知器可以进行非线性的学习。

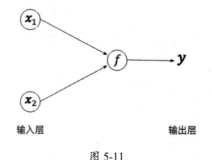

图 5-11

图 5-11 是一个前馈型神经网络的基本结构样式，输入层从外部输入信息，不参与任何计算，只是将数据传递给隐藏层；隐藏层对外不可见，在隐藏层中完成数据拟合计算后，将结果传递给输出层；输出层汇总隐藏层的信息，并将结果输出给外部。在前馈型神经网络中，数据的传递是单向的，从输入层到隐藏层，再从隐藏层到输出层，没有任何回路和循环。

随着隐藏层的增加，模型的拟合能力会增强。一般来说，多层感知器的拟合能力比单层感知器要强，但是若每个神经元的激活函数都是线性函数，那么任意层数的多层感知器都可以被约简成一个等价的单层感知器。在实际工作中使用的多层感知器结构往往比图 5-11 所示的要复杂得多，尤其是涉及分类问题时。一个三层感知器的网络结构如图 5-12 所示。

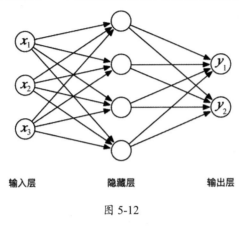

图 5-12

多层感知器的训练过程依赖于反向传播算法，不断地对隐藏层的参数进行调整，直到拟合数据之后的误差最小。

对于多层感知器可以采用任意的激活函数，包括Sigmod函数、Tanh函数、ReLU函数等，多层感知器可以看成是逻辑回归到分类问题上的应用推广。

5.3.4 AdaBoost 算法

Boosting 算法属于集成学习的范畴，其下面比较经典的三个算法分别为 AdaBoost（Adaptive Boosting）算法、GBM（Gradient Boosting Machine）算法和 XGBoost 算法。

Boosting 算法的思想起源于 1984 年 Valiant 提出的 PAC（Probably Approximately Correct，概率近似正确）学习模型，它是一种可以用来减少监督式学习中的偏差的机器学习算法。

在 Boosting 算法中有强分类器和弱分类器两个概念，主要思想是将弱分类器组装成一个强分类器。在 PAC 学习模型下，则一定可以将弱分类器组装成一个强分类器。在组装加入若分类器的过程中，通常根据它们的分类准确率给予不同的权重。

AdaBoost 算法继承了 Boosting 算法的思想。在 Boosting 算法中，存在如下两个问题：

（1）如何调整训练集，使得在训练集上训练的弱分类器得以进行。

（2）如何将训练得到的弱分类器叠加起来得到强分类器。

AdaBoost 算法针对上述 Boosting 算法存在的两个问题做了一定的调整：

（1）不再使用随机选取的训练数据，而是使用进行加权处理后的训练数据，将训练的焦点集中在比较难分的训练数据上。

（2）使用加权的投票机制代替平均的投票机制，将弱分类器联合起来。

AdaBoost 算法的核心思想是针对同一个训练集训练不同的分类器（弱分类器），然后把这些弱分类器集合起来，构成一个更强的最终分类器（强分类器），因此 AdaBoost 算法是一种组合型算法，它将最终组合成的分类器（强分类器）作为数据分类的模型。

AdaBoost 算法可基于测试过程中的错误反馈调节分类器的分类效果。在训练阶段，每一个训练的数据都被赋予一个权重，所有训练数据的权重则构成一个向量，起初，每个数据的初始化权重均相等，训练过程如下：

（1）对数据进行训练，形成第一个弱分类器，并计算该弱分类器的错误率。

（2）在同样的数据中，再次训练若干分类器，不同点在于，此次训练会调整数据的权重。在第一次训练后，分类正确的数据集的权重会降低，而分类错误的数据集的权重会提升。

按照上述步骤迭代训练，直到所有的弱分类器都能够得到准确的分类，最终将得到的所有弱分类器组合成强分类器。

AdaBoost 算法对每一个分类器都进行了权重设置，权重的设置方式是基于每一个弱分类器的错误率进行设置的。

5.3.5　各类分类算法的简单对比

在实际应用中，分类问题是非常常见的问题，在选择分类算法时，首先需要理解各分类算法的优点、缺点及适用的场景，如表 5-4 所示。

表 5-4

常见的分类算法	优点	缺点	场景描述	场景案例
朴素贝叶斯	(1) 理论简单，非常易于实现，当特征相关性较小时，有着稳定的分类效率； (2) 所需估计的参数很少，对缺失数据不太敏感	(1) 假设特征之间是独立的，无相关性，在实际应用中可能存在准确度不如预期的情况； (2) 需要通过统计分析获得先验概率； (3) 对高维度的数据，结果相对较差	特征维度较低，且特征之间相互独立的分类场景	文本分类、垃圾文本过滤、情感分类等
K 近邻算法	(1) 简单有效，可用于离散型或数值型数据，对数据分布不存在假设； (2) 对异常值的敏感度较低	(1) 当样本不平衡时，对精度有影响，在小样本上的分类，偏差较大； (2) 类别的概率无法通过概率的形式量化，无法给出数据的内在含义； (3) 当样本量较大时，计算量也比较大	(1) 适用于样本容量较大的自动分类场景； (2) 特征与目标类之间的关系较为复杂，且相似类间特征相似性高的场景	推荐场景中预测某人是否喜欢推荐的电影
支持向量机	(1) 在特征能够覆盖的情况下，对数据量的依赖较小； (2) 能够处理非线性、高维度的问题，具有较好的泛化能力	(1) 对数据的缺失比较敏感，对参数和核函数的选择也比较敏感； (2) 对于非线性问题，没有通用的方案	适合于二分类或多分类的场景	新闻资讯分类
决策树	(1) 理论方法易于理解，输出结果可解释性强，可以生产或理解的规则； (2) 能处理数值型或离散型输入	(1) 对各类别样本数量不一致的数据，信息增益的结果偏向于那些具有更多数值的特征； (2) 对缺失值的处理较为困难，数据敏感度高，容易产生过拟合	决策者有期望达到的明确目标，但存在两个以上无法控制的不确定因素，不同方案在不同因素下的收益或损失可以计算出来	在金融行业中基于决策树做贷款风险评估
AdaBoost 算法	(1) 通过集成的方式使得分类精度高，不容易发生过拟合； (2) 可以使用各种方法构建子分类器，AdaBoost 算法本身可作为框架使用	(1) 训练时间较长，最终的效果依赖于对弱分类器的选择； (2) 对异常值敏感，异常值在迭代过程中可能会获得较高的权重，从而影响模型的最终性能	(1) 用于二分类或多分类的应用场景； (2) 用于特征选择	交通流量预测、人脸表情识别、图像检索等
多层感知器	(1) 分类的准确度高，并行分布处理能力强，分布存储及学习能力强； (2) 对噪声神经有较强的鲁棒和容错能力，能充分逼近复杂的非线性关系	(1) 需要训练大量的参数，训练周期长，对数据量的依赖也比较重，当数据太少时容易欠拟合； (2) 对学习过程理解性差，输出结果的可解释性也较弱	精准度要求高且已经具备大量的数据样本	客户的等级分类

5.4 经典聚类模型的理解和选择

聚类属于典型的无监督学习方法，不同的聚类算法基于不同的假设和数据分布，由于数据的特征不同，因此对数据进行聚类的角度也不同。这意味着同一数据集存在着不同的聚类方式，因此没有万能的通用聚类算法，并且每一种聚类算法都有其局限性和偏见性。聚类更多的是以业务情况为出发点的。

聚类算法的种类很多，可以分为基于划分的聚类、基于层次的聚类、基于密度的聚类和基于网格的聚类，如图 5-13 所示。

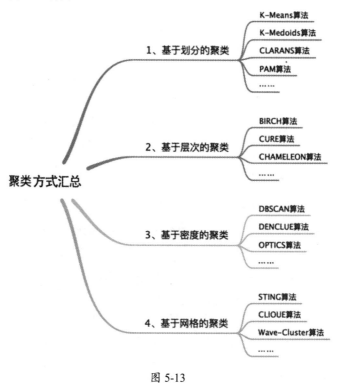

图 5-13

5.4.1 基于划分的聚类

基于划分的聚类的主要思想是将样本划分为若干个聚类，每个聚类内部的距离都足够小，而不同聚类之间的距离则足够大，即内部紧密，外部拉开间距。

典型的基于划分的聚类有 K-Means 算法、K-Medoids 算法等，其中，K-Means 算法已经在 4.4 节进行了介绍。K-Medoids 算法的基本思想与 K-Means 算法相同，不同点在于，K-Means 算法在每一次计算完毕之后，都把当前聚簇内元素的均值作为新的聚簇中心；而 K-Medoids 算法在每一次迭代计算完毕之后，均是选择聚簇内部的一个实际点作为新的聚簇中心。

在 K-Medoids 算法中，计算新的聚簇中心点的方法是针对聚簇内的每一个样本，都计算其与其他样本的距离并求和，距离之和最小的则为新的聚簇中心。由此可以看出，K-Medoids 算法的计算性能损耗较高，因为其涉及两两计算。但是计算性能的损耗带来的价值在于其有更好的鲁棒，尤其是针对数据中的噪声。这也暴露了 K-Means 算法的缺点，它对样本中的孤立点比较敏感。

对以三个数据点(2, 2)、(3, 3)和(2, 3)为中心点生成的 100 组随机数形成的二维数据，采用 K-Medoids 算法和 K-Means 算法进行 K 为 3 的聚类分析，收敛得到的效果如图 5-14 所示。

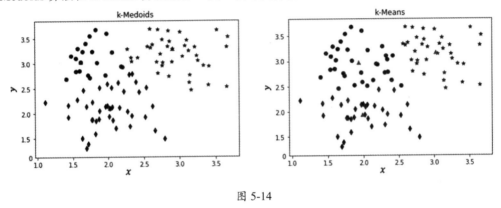

图 5-14

从图 5-14 可以看出，两者基本均达到了聚类效果，但是 K-Medoids 算法和 K-Means 算法在边界部分的聚类略有不同，这是由它们对中心点的差异造成的。当中心点不同时，边界上的一些点可能会出现摆动，收敛之后两者的聚簇中心点如表 5-5 所示。

表 5-5

	K-Medoids 算法	K-Means 算法
聚簇中心点-1	[2.02328103 2.10586516]	[1.98354757 1.94473165]
聚簇中心点-2	[2.90619882 3.28085974]	[3.02230463 3.16837369]
聚簇中心点-3	[1.61346583 3.01825778]	[1.93067567 2.96584126]

100 组随机数在生成时的中心点为(2, 2)、(3, 3)和(2, 3)，从表 5-5 中可以看出，两者均比较接近生成时的数据中心点，这代表着两者的趋势性相同。

上述例子并不是探讨 K-Medoids 算法和 K-Means 算法的优劣问题，两者均可以对数据聚类，只是对中心点的定义不同，导致在计算时产生了不同的边缘误差。当存在噪声和孤立点时，K-Medoids 算法比 K-Means 算法更健壮。

实际上，K-Medoids 算法是对 K-Means 算法的一种改进和优化，除此之外，还衍生了 PAM（Partitioning Around Medoids）算法和 CLARA（Clustering Large Applications）算法。

5.4.2 基于层次的聚类方法

基于层次的聚类原理是将数据集划分为一层一层的聚簇，后面一层生成的聚簇基于前面一层的结果。例如，对一家公司人员组织结构的划分，即是典型的层次方法，将公司划分为若干个部门（聚簇），每个部门又可以划分为若干组别（子簇），如图 5-15 所示。

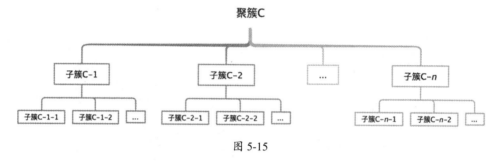

图 5-15

基于层次的聚类可以分为凝聚（Agglomerative）和分裂（Divisive）两种，如表 5-6 所示。

表 5-6

形式	特点	描述	算法
凝聚	自底向上	将数据集的每一个样本均作为一个簇的开始，然后不断地合并簇，直到形成一个大簇或满足某个终止条件为止	常见的自底向上的算法有 BIRCH 算法、CURE 算法等
分裂	自顶向下	将所有数据集作为一个初始聚簇，作为层次的根，在根聚簇上不断划分各个子簇，再递归划分各个子簇，直到满足终止条件为止	常见的自顶向下的算法为 K-Means 算法

在基于层次的聚类中，不同聚簇之间的距离计算算法有 3 种：单链接算法、全链接算法和均链接算法。其中，单链接算法采用两个聚簇中最近样本之间的距离作为两个聚簇的距离；全链接算法则采用两个聚簇中最远样本之间的距离作为两个聚簇的距离；而均链接算法则采用两个聚簇中平均中心点的距离作为两个聚簇的距离。

在实际应用中，自底向上的层次聚类比自顶向下的层次聚类应用得更加广泛，在 2.3.3 节中介绍的系统聚类法就是最简单的自底向上的基于层次的聚类。

BIRCH（Balanced Iterative Reducing and Clustering using Hierarchies）算法使用聚类特征（Clustering Feature）表示一个簇，使用聚类特征树（CF-Tree）表示聚类的层次结构。

1. 聚类特征

针对给定的n个样本数据集$D=(x_1,x_2,x_3,\ldots,x_n)$，它的聚簇中心点为$x_0$。

$$x_0 = \frac{\sum_i^n x_i}{n} \tag{5-7}$$

聚簇半径为R，R表示所有点到中心点的平均距离。

$$R = \sqrt{\frac{\sum_i^n (x_i - x_0)^2}{n}} \tag{5-8}$$

聚簇直径为D，D表示簇中所有样本之间的平均距离。

$$D = \sqrt{\frac{\sum_i^n \sum_j^n (x_i - x_j)^2}{n(n-1)}} \tag{5-9}$$

聚类特征用$CF = <n, LS, SS>$表示，CF由一个三元组组成，其中n表示聚簇中的样本数；LS表示n个样本点的线性和，即$\sum_i^n x_i$；SS表示n个样本点的平方和，即$\sum_i^n x_i^2$。除此之外，聚类特征CF是可以直接相加的，例如，由聚类特征$CF_1 = <n_1, LS_1, SS_1>$、$CF_2 = <n_2, LS_2, SS_2>$组成的新的聚类特征$CF_3 = <n_1 + n_2, LS_1 + LS_2, SS_1 + SS_2>$。假设聚簇$C_1$、$C_2$的数据点如表5-7所示。

表 5-7

聚 簇	数 据 点
C_1	{(3,4),(2,2),(1,3)}
C_2	{(5,5),(5,4)}

则分别计算C_1、C_2的CF_1、CF_2的过程如表5-8所示。

表 5-8

聚 簇	n	LS	SS
C_1	3	$(3+2+1,4+2+3)=(7,9)$	$(3^2+2^2+1^2,4^2+2^2+3^2)=(14,29)$
C_2	2	$(5+5,5+4)=(10,9)$	$(5^2+5^2,5^2+4^2)=(50,41)$

$CF_3 = <3+2,(7+10,9+9),(14+50,29+41)>$，即$CF_3 = <5,(17,18),(54,70)>$

由此可以发现，CF满足线性关系。

2．聚类特征树

聚类特征树类似于一棵 B-树，它含有三个重要参数，即内部平衡因子B、叶节点平衡因子L和聚簇半径阈值T。T决定了特征树的规模，B限制了每个节点的子节点数，L限制了整棵树的叶子节点数，即树中每个节点的子节点数为B，叶子节点的总数量不超过L。例如，一棵高度为3，B为1，L为3 的特征树如图 5-16 所示。

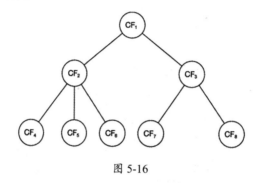

图 5-16

聚类特征树的构建过程如下：

（1）初始状态是聚类特征树为空，因此首先选择一个样本数据，形成一个n为 1 的CF，将此CF放入根节点，形成初始状态的聚类特征树，A 为叶子节点。

（2）对于纳入的第二个样本数据，若和第一个样本数据在半径阈值T范围之内，则对 A 的CF进行合并更新，即一个n为 2 的CF；反之，若在半径阈值T范围之外，则需要新建一个 B（叶子节点）的CF′，并与之前的CF形成兄弟节点。在若干次纳入新的样本数据后，会大致形成如图 5-17 所示的聚类特征树，a1、a2、a3 为叶子节点 A 里的样本。

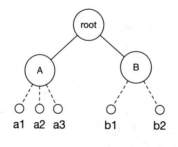

图 5-17

若设定的叶节点平衡因子$L = 3$，则意味着 A 的CF个数已经达到最大极限，不能再继续在 A

上融合更新CF了。若一个新的样本a'需要加入A，则此时需要对A进行分离操作，在A的所有CF元组中找到距离最远的两个CF作为新叶子节点的初始CF，将原A的样本和a'划分到两个新的叶子节点中，如图5-18所示。

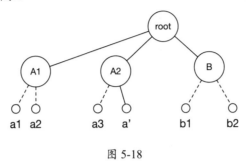

图 5-18

同理，若内部平衡因子B达到了限制，则需要对根节点进行分离操作，操作方式与叶节点平衡因子L达到上限之后的操作类似。对于样本的插入则是从根节点向下寻找和新样本距离最近的叶子节点以及叶子节点中最近的CF，之后根据内部平衡因子B和叶节点平衡因子L不断地调整结构、更新CF即可。

当构建聚类特征树的过程完成之后，则意味着BIRCH算法的大致流程已经完成，BIRCH算法输出的是聚类特征数的CF节点，每一个节点里的样本对应同一个聚簇。聚簇半径阈值T决定了每个CF里所有样本形成的超球体的半径阈值，T值越小，聚类特征树构建的规模越大，BIRCH算法所耗费的时间和内存开销越多。

对于一个样本分布的数据点，采用BIRCH算法聚类后呈现的效果如图5-19所示。

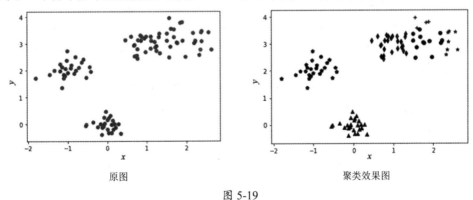

原图　　　　　　　　　　聚类效果图

图 5-19

BIRCH算法将样本数据自动划分为6个区域，BIRCH算法在实际应用过程中可以指定聚类的k值。假设对于图5-19中原图设定的样本分布，设定$k = 2$、$k = 3$、$k = 4$的聚类效果如图

5-20 所示。

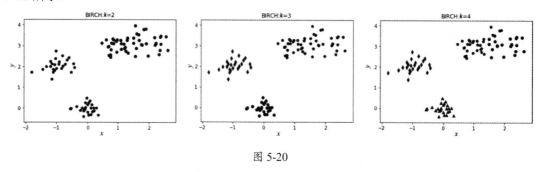

图 5-20

BIRCH 算法比较适合数据量大、类别数较多的情况，其运行速度较快，只需扫描一次数据集就能进行聚类。

5.4.3 基于密度的聚类

与基于划分的聚类相比，基于密度的聚类不需要提前指定聚类的数量，聚类的数量是通过算法自动适应数据的分布情况而来的，而且对于离群点，基于密度的聚类也能较好地发现。常用的基于密度的聚类有均值漂移算法、DBSCAN 算法等。

1．均值漂移算法

均值漂移（Mean Shift）算法是一种基于密度梯度上升的非参数方法，它的特点是可以不断沿着样本分布密度上升的方向寻找聚类中心点。

均值漂移算法的基本思想是首先随机选择一个中心点，然后计算在该中心点半径 r 范围内的所有点，并计算该中心点与半径 r 范围内的所有点的均值偏移，最后对中心点与均值偏移求和，完成中心点的位置更新。不断重复上述过程，直到中心点的位置基本不再发生改变，即该最终中心点半径 r 范围内的点均被标记为一个聚类。同时，继续选择样本中未被标记为聚类信息的一个点重复上述步骤，计算新的聚类，直到所有点均被标记聚类信息。每个样本均会被不同的聚类中心点访问，取访问频率最高的聚类作为该样本点的最终聚类点。

均值偏移算法的计算公式如式（5-10）所示，C_r 表示中心点半径为 r 范围内的所有点集合，k 表示 C_r 集合中元素的数量，x_i 表示半径为 r 范围内的点。

$$M(x) = \frac{1}{k} \sum_{x_i \in C_r} (x - x_i) \tag{5-10}$$

同样，对于中心点的更新，见式（5-11）。x_t 表示 t 时刻的中心值，M_t 表示在 t 时刻求得的均值偏移，x_{t+1} 为更新之后的中心点。

$$x_{t+1} = M_t + x_t \qquad (5\text{-}11)$$

例如，对于如图 5-21 所示的数据分布，数据之间并没有特别清晰的边界，在直观观察数据后，认为可能会聚为 2~3 个聚簇。

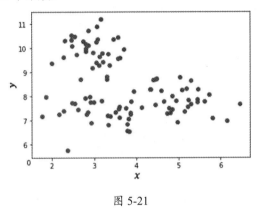

图 5-21

通过 K-Means 算法设定 k=2 和 k=3 的聚类效果如图 5-22 所示，从视觉上基本符合直观感受。

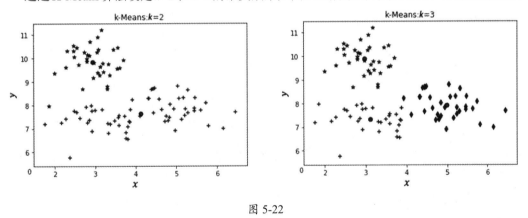

图 5-22

同样基于图 5-21，通过均值漂移算法对其进行自动聚类，聚类效果如图 5-23 所示。将整体分为两个聚类，对比均值漂移算法和 K-Means 算法中 k=2 的效果，两者除边界少许样本略有差异外，整体基本一致。

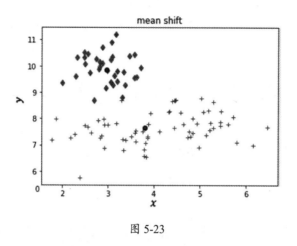

图 5-23

均值漂移算法是一种在数据分布中寻找极值的稳定方法，与核密度估计有很大的相关性，它类似于梯度下降法，通过不断地往梯度下降的方向移动，从而达到梯度上的局部最优解或全局最优解。均值漂移算法本质上是一种基于梯度的优化方法。

2. DBSCAN 算法

DBSCAN（Density-Based Spatial Clustering of Applications with Noise）算法是一种很典型的密度聚类算法。

在 DBSCAN 算法中，是通过领域参数（eps, MinPts）来表述样本分布密度的，eps表示半径范围，MinPts表示半径内指定的点的数量。除此之外，它还有如下两个条件：

（1）如果一个点p在它的距离eps范围之内至少包含MinPts个样本点（包含点p），则点p被称作核心点。同时，距离eps范围之内的其他点则被称作由点p直接可达的。

（2）基于直接可达，如果存在一条链路$(p_1, p_2, \ldots, p_n)$，有$p = p_1$、$q = p_n$，且p_{i+1}都是由p_i直接可达的，则称q是由p可达的。

在上面的基础上，DBSCAN 算法形成一个聚簇的条件是：倘若点p是核心点，则点p所有可达的点即可形成一个聚簇，无论可达的点是核心点还是非核心点。因此每个聚簇一定包含一个核心点，聚簇中的非核心点为聚簇的边缘，因为非核心点不能到达更多点。

从算法执行流程上，在已经确定eps和MinPts两个参数之后，由样本数据中的任意一个点开始，探索这个点的eps－邻域，倘若eps－邻域已经有足够多的点，则形成一个聚簇，反之这个点被称作噪声点。如果该点被称作噪声点，则可能会因其他核心点可达而形成一个聚簇；如果一个点位于聚簇的密集区域中，则它的eps－邻域也属于该聚簇。如果该点被加到一个聚簇中，则它的eps−邻域也加入该聚簇中，直到不能再加新的点为止。完毕之后，再选择其他未曾被访问的点继续按照上述流程探索，进而发现新的聚簇或者噪声点。

例如，针对图 5-24 中分布的数据点，尝试对其进行聚簇。按照图 5-24 中的数据分布，期望每一个圆环是一个聚簇，右侧的独立点为另一个聚簇。

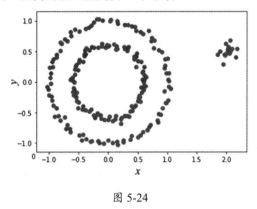

图 5-24

从图 5-24 中可以明显看出，数据呈现并无规则，如果采用 K-Means 算法，则效果如图 5-25 所示。

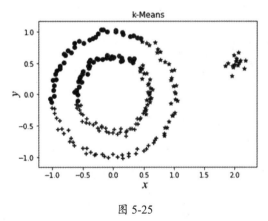

图 5-25

当在这样的数据样本上采用 K-Means 算法时，效果出现了偏差。

此时可以采用 DBSCAN 算法，达到图 5-26 所示的效果。两个圆环和右侧孤立数据点均形成了聚簇，且恰好为三个聚簇，实现了按照密度的聚簇。

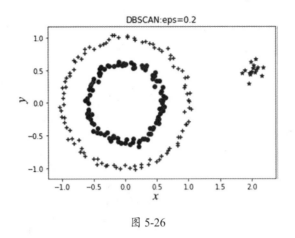

图 5-26

DBSCAN 算法不需要指定 k 值，但是需要指定 eps 和 MinPts 参数值，在 MinPts 固定为 5 时，eps = 0.5 和 eps = 1.0 的效果如图 5-27 所示。

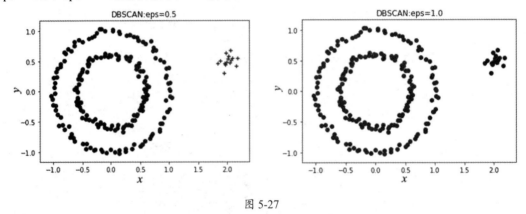

图 5-27

可以看到随着 eps 的变大，聚簇的数量也会受到相应的影响，因此 DBSCAN 算法在实际聚类过程中，如果条件允许，可以通过可视化的方式对参数进行适当的调参。

K-Means 算法和 DBSCAN 算法都是常见的聚类算法，二者的区别是，DBSCAN 算法不需要提前确定簇类的数量，而且 DBSCAN 算法可以发现任意形状的聚簇。但是 DBSCAN 算法也有不足之处，一方面，从开发者角度来说，自定义的参数对 DBSCAN 算法比较敏感，尤其是对高维数据，不能够很好的反映，参数的调整对结果影响很大；另一方面，在密度不断变化的数据集中，不能很好地反映整体聚簇情况。

5.4.4 基于网格的聚类

基于划分的聚类和基于层次的聚类都无法发现非凸面形状的簇，而基于密度的聚类能有效发现任意形状的簇，但基于密度的聚类一般时间复杂度较高，因此提出了基于网格的聚类，它可以有效降低算法的计算复杂度，且对密度参数敏感。

经典的基于网格的聚类有 STING（Statistical Information Grid）算法、CLIQUE 算法和 Wave-Cluster 算法等，这些算法在主体思想上基本一致，不同之处在于划分网格的方法上。

基于网格的聚类的核心思想是把数据样本划分为有限个单元的网格结构，然后使用网格结构中的统计信息对数据进行压缩表达，并通过这些网格的统计信息判断哪些是高密度的网格单元，最后将相连的高密度的网格单元聚为聚簇。

5.4.5 聚类算法的简单对比

不同的聚类算法对数据集的要求不同，适用的业务场景也不同。下面通过一些特征维度对聚类算法进行对比。

（1）效果一致性。表示在不同的数据量级（例如万、十万、百万等）上，聚类的效果能够保持一致性，这属于算法的可伸缩性。

（2）适合的数据类型。聚类算法支持的可进行数据分析的类型，大部分聚类算法都是针对数值型数据进行分析的。

（3）数据处理维度。有的聚类算法适合处理 2 维或 3 维的低维度数据，而处理高维度数据的效果较差。这是因为高维度的数据更加稀疏，算法本身的特性决定了处理高维度数据的能力。

（4）抗噪能力。抗噪能力是指数据中的一些噪声数据对聚类结果的影响。噪声数据包括一些孤立点，甚至错误的数据，部分聚类算法对噪声数据较为敏感，导致聚类质量下降。

（5）聚类形态。在聚类算法中，大部分是采用距离计算来衡量样本之间相似度的，只是针对不同的样本情况，采用的距离计算方式不同，这也导致它们的聚类形态并不完全相同。

（6）算法效率。算法效率由对样本的相似性计算方法和算法本身的复杂度决定。

聚类算法的简单对比如表 5-9 所示。

表 5-9

聚类方法	算法名称	效果一致性	适合的数据类型	数据处理维度	抗噪能力	聚类形态	算法效率
划分聚类	K-Means	较差	数值型	较低维度	较差	凸形	一般
划分聚类	K-Medoids	较差	数值型	较低维度	较强	凸形	较低
划分聚类	CLARANS	较差	数值型	较低维度	较强	球形	较低
层次聚类	BIRCH	较好	数值型	较低维度	较差	球形	很高
层次聚类	CURE	较好	数值型	一般维度	很强	任意形状	较高
层次聚类	ROCK	很好	混合型	较高维度	很强	任意形状	一般
密度聚类	Mean Shift	一般	数值型	一般维度	较强	任意形状	较高
密度聚类	DENCLUE	较差	数值型	较高维度	一般	任意形状	较高
密度聚类	DBSCAN	一般	数值型	较低适合	较强	任意形状	一般
网格聚类	Wave-Cluster	很好	数值型	高维度	较强	任意形状	很高
网格聚类	OptiGrid	一般	数值型	较高维度	一般	任意形状	一般
网格聚类	CLIQUE	较好	数值型	较高维度	较强	任意形状	较低

5.5 深度学习模型选择

在深度学习领域，神经网络可分为有监督神经网络和无监督神经网络两种。典型的有监督神经网络包括全连接深度神经网络、卷积神经网络和递归神经网络等；典型的无监督神经网络包括自动编码器、玻尔兹曼机、深度信念网络和生成对抗网络等。

5.5.1 分类问题模型

分类问题作为机器学习领域的典型问题，在深度学习领域中十分常见。在不同的业务场景中需要对不同的媒体类型进行分类，最常见的是对文本和图像进行分类，同时也会涉及部分音频、视频的分类等，但是归根结底是特征与类别的关系，媒体的类型仅与特征的提取存在关联。

文本分类是最常见的分类，文本分类的核心是文本的表示和分类的具体模型。词袋模型是较为常见的文本表示方法，但是由于词袋模型忽视了词语的直接前后关系，因此在实际应用场景中并不包含文本的语义信息。

在传统的机器学习算法中，可以基于朴素贝叶斯、支持向量机、决策树等对文本进行分类。在深度学习领域，可以基于卷积神经网络、长短时记忆网络等对文本进行分类，只是文本的表示方法有些改变。

一般来说，在文本分类前均会对文本进行预处理，例如分词、停用词移除，甚至在英语中还涉及词形还原等，而深度学习的分类方法，也是基于这些预处理之后的词语进行文本表示的。由于深度学习模型的拟合能力更好，所以一般不采用词袋模型，一方面存在丢失语义信息的问题，另一方面存在数据维度过高、数据稀疏的问题，而是采用词嵌入（Word Embedding）作为文本表示的。文本表示的常见方式如图 5-28 所示。

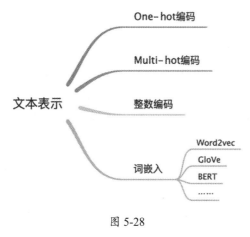

图 5-28

从数学上词嵌入可表示为 $f: x \to y$ 的映射关系，x 是一个词语或段文本，y 是映射之后的固定维度向量。如图 5-29 所示，不同的词语通过词嵌入之后，可以得到词嵌入后的向量。

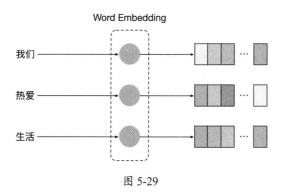

图 5-29

因此词嵌入可以将词语映射为固定维度，不同词语的 Embedding 示例如表 5-10 所示。

表 5-10

词 语	Embedding
洗澡	（0.092021,-0.112013,0.232123,-0.682343,0.129422,0.452234,-0.8272123,…）
台灯	（-0.542101,0.365421,-0.687452,0.365412,0.532131,-0.367598,0.168495,…）
……	……

假设词嵌入的维度都是 128 维，则词语之间语义相似度可通过向量的夹角表示，即两个相似的词语，它们拥有类似的词嵌入后的向量。词嵌入的特点是不仅将词语映射为固定维度，而且保持词语本身的特性。比较经典的词嵌入模型是 Word2vec 和 GloVe。

（1）Word2vec。Word2vec 是 2013 年由谷歌提出的词嵌入方法，从应用上可以理解为一种词语的聚类方法，它能够较好地在词语之间进行代数计算，例如：

$$\text{vector}（皇帝）-\text{vector}（男）+\text{vector}（女）\approx \text{vector}（女皇）$$

根据应用场景，word2vec 的训练方式可以分为 CBOW（Continuous Bag-of-Words Model）和 Skip-gram（Continuous Skip-gram Model）两种。由于 Word2vec 的训练过程会考虑上下文，因此与 Embedding 方法相比，效果略好，同时计算维度更少，运算速度更快，且具备很强的通用性，可以广泛应用在各种自然语言处理任务中。但是由于词语和向量之间是一对一的关系，所以多义词的问题无法解决。

（2）GloVe。GloVe 是在 Word2vec 之后比较经典和有影响力的词向量生成方法。GloVe 在进行词向量化表示的同时，使得向量之间尽可能多地覆盖词语的语义和语法信息。

基本方式是基于语料库构建词的共现矩阵，然后基于共现矩阵和 GloVe 模型学习词向量。由于 GloVe 使用了全局信息，相对而言效果略优于 Word2vec，但 Word2vec 的内存消耗低于 GloVe。

（3）ELMo 模型。ELMo 模型（Embedding from Language Models）是在 Word2vec 基础上衍生出来的。在此之前，Word Embedding 本质上是静态编码方式，即词语训练好之后，它的编码是固定的，在使用时，词语不会随着上下文场景的变化而变化。ELMo 模型的思想是预先通过一个语言模型去学习词语的 Word Embedding，在使用时词语已经具备了特定的上下文，这时再根据上下文的语义调整词语的 Word Embedding，调整后的 Word Embedding 可以更好地表达这个上下文中具体的含义。总体来说，ELMo 模型可以根据上下文动态调整 Word Embedding，可以有效解决一词多义问题，例如，苹果在不同的语境中词向量的值不同。

（4）BERT 模型。BERT 模型的出现使得自然语言处理领域发生了重要的改变，它进一步增强了词向量模型的泛化能力，充分描述了字符级、词级、句子级甚至句间的关系特征。

1. 基于 CNN 的文本分类模型

卷积神经网络是图像领域的经典模型结构，它在自然语言处理领域有着非常广泛的应用，且效果非常不错。基于卷积神经网络的文本分类模型的典型结构如图 5-30 所示。

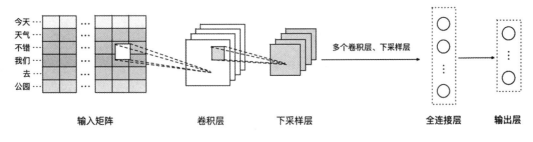

图 5-30

将输入的文本表示的向量组合成一个矩阵，若输入的是 n 个词语，词向量维度是 k，则矩阵的大小为 $n \times k$。矩阵的结构刚好适合卷积神经网络对其进行处理。首先通过卷积层和下采样层不断提取特征，然后通过全连接层的拟合计算，最终输出层输出文本的类别数。因此基于卷积神经网络的文本分类模型转换成了与图像分类类似的模型结构。

2. 基于 LSTM 的文本分类模型

卷积神经网络在自然语言处理中可以达到较好的效果，但是由于卷积核的大小是固定的，因此对于复杂的语义文本效果相对较差。长短时记忆网络（LSTM）可以适应更长的文本序列模型，它擅长处理各类序列问题，可以学习长距离的依赖信息。

LSTM 是一种特殊的 RNN 网络结构，在自然语言处理领域，大部分用 RNN 的地方基本都采用的是 LSTM。基于 LSTM 的文本分类模型的基本结构如图 5-31 所示。

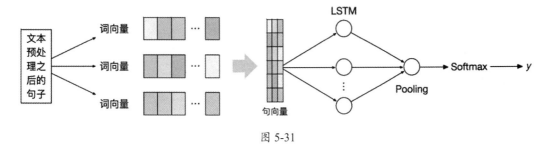

图 5-31

输入的方式与卷积神经网络的处理方式类似，把向量作为 LSTM 的输入，然后不断计算前后权重，后续可以通过全连接层和 Softmax 函数实现对结果的分类。

虽然基本的 LSTM 可以处理文本分类问题，但是想要得到更好的结果，则可以考虑双向

LSTM+Attention 机制。Attention 机制其实模拟的是人脑的注意力。例如，当阅读一句话或一篇文章时，人的视觉其实并不是对每个词都进行均匀的扫描，而是集中注意力针对重点表达的词进行理解。基于双向 LSTM+Attention 机制的文本分类模型如图 5-32 所示，其中输入层为不同词语的词向量。

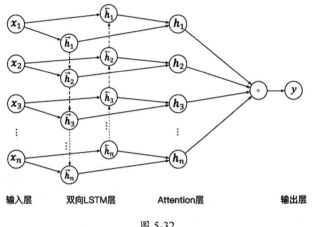

图 5-32

Attention 机制不仅在自然语言处理领域被经常使用，在图像等领域中，也得到了广泛的应用。

无论深度学习模型，还是传统机器学习模型，都能对文本进行分类。目前开放的若干文本数据集，如 IMDB、RCV1、搜狐新闻的基本情况如表 5-11 所示。

表 5-11

数据集	语言	类别	训练集	测试集	无标注
IMDB	英文	2	25000	25000	50000
RCV1	英文	55	15564	49838	670584
搜狐新闻	中文	10	55000	10000	172913

（1）IMDB（Internet Movie Database，互联网电影资料库）是一个关于电影演员、电影、电视节目、电视明星和电影制作的在线数据库。我们可以基于 IMDB 判断电影评论是正面的还是负面的。

（2）RCV1 是路透社英文新闻文本及对应的新闻类别数据集，我们可用基于 RCV1 做文本分类和其他自然语言处理任务。

（3）搜狐新闻是搜狐开放中的 10 个新闻类别数据集，包括"财经""体育""教育"等类别。

对上面的数据采用不同的算法得到的准确率如表 5-12 所示。

表 5-12

分类方法	IMDB	RCV1	搜狐新闻
SVM + Bigram	90.70%	88.90%	88.00%
3-Layer CNN	87.45%	73.7%	86.74%
Bi-LSTM	87.60%	74.65%	83.01%
LSTM+Attention	89.68%	88.23%	87.55%

显而易见，Attention 机制的有效性是毋庸置疑的，实际效果可以通过调参变得更好。从侧面可以看出，传统机器学习模型也可以很好地解决问题。从理论上来说，深度学习模型的效果比传统机器学习模型的效果略好，但是由于数据量的限制，可以优先采用传统机器学习模型。

上面介绍的是文本分类，实际上对于其他场景的分类也可以按照类似的思路进行。图像分类算法现在已经达到了很高的水平，但无论是何种分类问题，归根结底都是如何有效地表示内容，使得内容能够成为模型的输入。后续会采用支持向量机、卷积神经网络、长短时记忆网络等进行尝试，尝试的方向由浅入深，但是会尽量使用各个模型的优点来解决问题，例如在图像分类中，会首先尝试卷积神经网络，如果数据量不够，则采用支持向量机或其他模型。

3．图像分类中的经典模型

图像分类中的经典模型基本都诞生于 ILSVRC（ImageNet Large Scale Visual Recognition Challenge）。在历年的 ILSVRC 比赛中，每次刷新比赛记录的那些神经网络都是图像分类中的经典模型，成为学术界与工业界竞相学习与复现的对象，并在此基础上展开新的研究，部分经典网络结构如表 5-13 所示。

表 5-13

模型名称	出现时间	主要特点
AlexNet	2012 年 ILSVRC 图像分类冠军	（1）第一次使用非线性激活函数 ReLU； （2）增加了防止过拟合的方法：Droupout 层，提升了模型鲁棒； （3）首次使用数据增强； （4）首次使用 GPU 加速运算
GoogLeNet	2014 年 ILSVRC 图像分类冠军	（1）网络结构更深； （2）普遍使用小卷积核
VGGNet	2014 年 ILSVRC 图像分类亚军	（1）增强卷积模块功能； （2）用连续小卷积代替大卷积，在保证感受野不变的同时，减少了参数数目

续表

模型名称	出现时间	主要特点
ResNet	2015 年 ILSVRC 图像分类冠军	解决了"退化"问题，即当模型的层次加深时，错误率提高了
SeNet	2017 年 ILSVRC 图像分类冠军	提出了 Feature Recalibration，通过引入 Attention 重新加权，可以抑制无效特征，提升有效特征的权重

目前，图像分类模型已经相对较为成熟，各类经典的模型已经在各大深度学习框架中集成，可直接使用，同时可以作为其他任务的预训练模型。

5.5.2 聚类问题模型

基于深度学习的聚类方法可以对非数值型数据进行聚类，也可以理解为是对传统聚类算法的补充。例如，Word2vec 可以把文本转为词向量，由于词向量是数值型，因此 Word2vec 可以对文本做聚类。同理，在深度学习领域广泛借助了这样的方式把不同类型的数据转换为数值型，然后对其进行聚类。

自动编码器是一种典型的无监督神经网络，它有三层神经网络：输入层、隐藏层（编码层）和输出层（解码层），该网络的目的是重构其输入，使其隐藏层可以学习该输入的良好表征。

从数学上看，自动编码器是学习一个函数 $f(x) \approx x$，即输入和输出尽可能相似，中间的隐藏层则可以理解为数据的特征表示。例如，对于图像的编码和解码，基本网络结构如图 5-33 所示，输入为一张图像，输出依然为一张图像，目标是使得输入图像和输出图像尽可能一致。

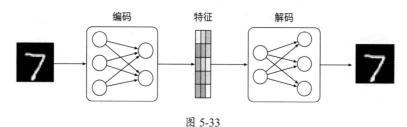

图 5-33

从应用的形式上看，它是一种类似于 PCA 的无监督机器学习算法。当获得数值型特征之后，即可基于传统机器学习的 K-Means 算法或 DBSCAN 算法等对图像进行聚类，从这个角度来说，自动编码器完成的是特征的表示。因为传统的聚类算法不能直接处理高维数据，所以自动编码器一种间接处理方式。

除自动编码器外，还可以采用受限玻尔兹曼机（Restricted Boltzmann Machine，RBM）、深度信念网络等完成上述类似过程。

5.5.3 回归预测模型

分类问题和聚类问题是神经网络中涉及较多的内容,而对于回归问题,神经网络也可以解决,但是回归预测并不是神经网络最擅长的。神经网络属于非线性模型,因此可以对非线性问题进行回归预测。

基于神经网络求解回归问题的示例网络结构如图 5-34 所示,不同之处在于输出层神经元的变化,该输出节点将前一层的激活值之和乘以 1,得到 $\hat{y}$,即所有 x 映射至的应变量。

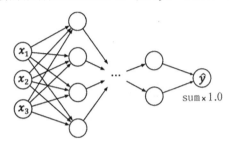

图 5-34

当然,根据回归预测值的数量不同,最终输出层神经元的(神经细胞)数量可能不止一个,当基于神经网络设计网络结构时,最简单的损失函数可以采用均方差损失函数。

在深度学习领域有两类求解回归问题的经典应用:Bounding-Box 回归和关键点回归。两者都基于深度学习的回归应用。

1. Bounding-Box 回归

Bounding-Box 回归是在目标检测场景中的应用,例如目标检测的经典模型 RCNN、Fast-RCNN、Yolo、SSD 等都涉及 Bounding-Box 回归。Bounding-Box 回归的目的是找到图像中的目标位置,如图 5-35 所示,通过边框确定飞机的位置。

图 5-35

对于窗口一般使用四维向量 (x, y, w, h) 来表示,分别表示矩形窗口的中心点坐标,以及宽和高,在数据标注时也基于此四维向量,因此在模型训练预测时则是回归该四维向量。

2. 关键点回归

关键点回归属于对某些坐标点的预测,在 2014 年的 *DeepPose: Human Pose Estimation via Deep Neural Networks* 论文中,介绍了使用了级联的卷积神经网络来预测人体关节点,即根据输入的图像,输出图像中人体关节点坐标,如图 5-36 所示。

图 5-36

除此之外,人脸的关键点检测等也属于关键点回归的范畴。人脸关键点检测、定位或者人脸对齐,是指给定人脸图像,定位出人脸面部的关键区域位置,包括眉毛、眼睛、鼻子、嘴巴、脸部轮廓等。由于受到姿态和遮挡等因素的影响,人脸关键点检测难度相对较大。

基于深度学习解决回归预测问题,一般来说复杂度会高很多。传统的一般性回归预测基于传统机器学习的方式求解即可,基于深度学习的方式对回归预测的结果解释性较差,更多的是依赖经验,对大量数据进行强拟合。

5.5.4 各类深度学习模型的简单对比

针对不同的数据类型及业务场景,采用的模型也不尽相同,在模型的选择过程中,应该基于业务场景及模型本身的优势,使算法模型达到尽可能好的效果。各类深度学习模型的简单对比如表 5-14 所示。

表 5-14

数据类型	业务案例	参考模型
文本	情感分析、命名实体识别、词性标注	递归神经网络系列、卷积神经网络、深度信念网络

续表

数据类型	业务案例	参考模型
文本	文本生成	生成对抗网络
时间序列	预测分析	递归神经网络系列
图像	图像识别、图像检测	卷积神经网络及各类组合
图像	图像搜索、语义哈希	深度信念网络
音频	语音识别	递归神经网络系列、卷积神经网络等
音频	音频生成	生成对抗网络

既可以单独应用模型，也可以组合各个模型的优势形成复合型模型。例如针对"看图说话"的应用，输入的是一张图，输出为一段文本，则可以把卷积神经网络与长短时记忆网络结合起来，可以是双向 LSTM 或单向 LSTM，在适当条件下为了提高生成文本的准确率，可以继续引入 Attention 机制，甚至可以尝试设计新的模型结构。

5.6 深度学习模型结构的设计方向

5.6.1 基于深度的设计

当模型的深度加深时，模型的拟合能力会增强。例如，从单层感知器到多层感知器，本质上就是深度的加深。通过深度的加深，单层感知器的线性能够提升到多层感知器的非线性。同样对于深度学习模型，随着深度的加深，拟合能力也会增强。

在前些年的图像分类中，通过深度的加深，使得模型的拟合能力不断增强、分类效果不断提升，从 LeNet-5 到 AlexNet、VGG 等都体现了基于深度的设计带来的效果提升。ResNet50、InceptionV3、Xception 等经典网络模型也在深度方面有不同程度的加深，部分网络的层数对比如表 5-15 所示。

表 5-15

网络模型	提出时间	总层数	卷积层数	全连接层数	ILSVRC Top5 错误率
LeNet-5	1998	7	5	2	-
AlexNet	2012	8	5	3	16.4%
VGG-19	2014	19	16	3	7.3%
GoogLeNet	2014	22	21	1	6.7%
ResNet	2015	152	151	1	3.57%

在早些年的 ILSVRC 比赛分类项目中，Top5 错误率取得的重大突破及效果的提升基本上都伴随着卷积层数的加深。

1. LeNet-5

LeNet-5 是一种典型的卷积神经网络模型，由 Yann LeCun 等人在 1998 年发表的论文 Gradient-Based Learning Applied to Document Recognition 中提出，其网络结构如图 5-37 所示。

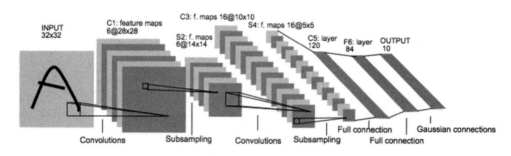

图 5-37

LeNet-5 是由卷积层、池化层、全连接层顺序连接的，网络中的每一层都使用一个可微分函数将激活数据从一层传递到另一层，网络结构内容如表 5-16 所示。

表 5-16

层级	描述	输出
输入层	定义的输入图像大小为 32 像素×32 像素	32×32
卷积层-C1	卷积核大小为 5×5，stride=1，卷积核数为 6 个	28×28×6
池化层-S2	通过 2×2 的降采样，stride=2	14×14×6
卷积层-C3	卷积核大小为 5×5，stride=1，卷积核数为 16 个	10×10×16
池化层-S4	通过 2×2 的降采样，stride=2	5×5×16
卷积层-C5	卷积核大小为 5×5，stride=1，卷积核数为 120 个	1×1×120
全连接-F6	输入为 120 个神经元，进行全连接	84
输出层	输入为 84 个神经元，进行全连接，输出为类别的数量	10

LeNet-5 是一个成功的卷积神经网络模型，前期主要用于识别数字和邮政编码，可以对手写数字进行识别，并把识别错误率控制在 1%以内。但对于更复杂的分类问题，效果并不理想。例如在 ImageNet 数据集上，虽然适当改造模型结构即可适配数据，但是效果并不理想。

LeNet-5 基于卷积核直接从图像中学习特征，在计算性能受限的当时能够节省很多计算量。同时卷积层的使用可以保证图像的空间相关性，与通过各类滤波器来提取特征相比，进步非常明显，卷积核的本质就是滤波器。

2. AlexNet

AlexNet 于 2012 年出现在 ImageNet 图像分类比赛中，并取得了当年的冠军，从此卷积神经网络开始受到人们的广泛关注。AlexNet 是深度卷积神经网络研究热潮的开端，也是研究热点从传统视觉方法转到卷积神经网络的标志。

AlexNet 模型一共有 8 层，包含 5 个卷积层和 3 个全连接层。每个卷积层都包含 ReLU 函数和局部响应归一化处理，并进行了下采样操作。AlexNet 的模型结构如图 5-38 所示。

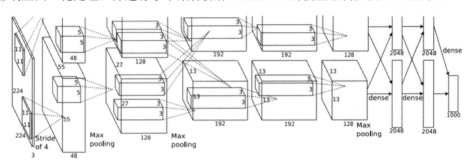

图 5-38

网络结构内容如表 5-17 所示。

表 5-17

网络层	输入	描述	输出
Conv-1	(224,224,3)	输入为 224 像素×224 像素×3 像素的图像，卷积核的数量为 96 个，卷积核的大小为 11×11×3，stride = 4，pad = 0（表示不扩充边缘）	(55,55,96)
Maxpool-1	(55,55,96)	池化大小为 3×3，stride = 2，pad = 0，池化之后对数据进行 Normalization 处理	(27,27,96)
Conv-2	(27,27,96)	卷积的个数为 256 个，卷积核的大小为 5×5×96，pad = 2，stride = 1	(27,27,256)
Maxpool-2	(27,27,256)	池化大小为 3×3，stride=2，pad=0	(13,13,256)
Conv-3	(13,13,256)	卷积核个数为 384，卷积核的大小为 3×3×256，stride = 1，pad = 1	(13,13,384)
Conv-4	(13,13,384)	卷积核个数为 384，卷积核的大小为 3×3，stride = 1，pad = 1	(13,13,384)
Conv-5	(13,13,384)	卷积核个数为 256，卷积核的大小为 3×3，stride = 1，pad = 1	(13,13,256)
Maxpool-5	(13,13,256)	池化大小为 3×3，stride = 2，pad = 1	(6,6,256)
FC-6	9216	输入 9216 个神经元，进行全连接	4096
FC-7	4096	输入 4096 个神经元，进行全连接	4096
FC-8	4096	输入 4096 个神经元，进行全连接	1000

AlexNet 在 LeNet-5 的基础上，加深了网络结构，它包括 5 个卷积层和 3 个全连接层，但依然通过卷积层和池化层对图像特征进行提取。除此之外，还对网络结构的其他方面进行了改进，例如，数据增强抑制过拟合、局部响应值归一化等。

局部响应值归一化（Local Response Normalization，LRN）借助了神经生物学中的侧抑制思想，即当某个神经元被激活时，抑制相邻的其他神经元。局部响应值归一化的目的是实现局部抑制（ReLU 也是一种"侧抑制"函数），增强模型的泛化能力。LRN 通过模仿神经生物学中的侧抑制思想，使局部神经元实现了竞争机制，即响应比较大的值能够相对扩大。

在训练模型过程中，首先通过对实际值与期望值进行误差计算，求出残差，然后通过链式求导法则，将残差通过求解偏导数逐步向上传递，最后在神经网络的各个层中不断修改权重和偏置，与一般的神经网络思想类似。

3. VGG 系列

VGG 模型是由 Simonyan 和 Zisserman 在 2014 年发表的论文 *Very Deep Convolutional Networks for Large Scale Image Recognition* 中提出的。

经典的 VGG 模型是 VGG-16 和 VGG-19。VGG-16 的结构非常简单，由 13 个卷积层和 3 个全连接层组成，并通过 Softmax 函数进行图像分类。VGG-16 能够以较高的图像分类准确度识别日常生活中 1000 种不同种类的物体。VGG-16 的网络结构如图 5-39 所示。

图 5-39

VGG 模型是通过卷积层和池化层对图像的特征进行提取的。VGG 模型的特点是，它探索了网络模型的深度与性能的关系，整个模型结构非常简单，使用了同样大小的 3×3 卷积核及 2×2 的最大池化。

随着网络结构的加深，模型的拟合能力会逐渐增强，模型的性能会变得更好，但是加深需要付出额外的代价，例如，更有质量的数据及更高的计算力。

5.6.2 基于升维或降维的设计

升维或降维在深度学习模型中广泛存在，在卷积神经网络中通常采用 1×1 的卷积核进行升维或降维的操作。例如，$m \times n \times k$ 的特征图，k 为特征层数，$m \times n$ 为特征大小，对其通过 1×1 的卷积核进行卷积，特征层数为 j。若 $j < k$，则实现对原始特征图的降维；若 $j > k$，则实现对原始特征图的升维。1×1 的卷积核对图像本身不会做任何操作，仅是通过对特征进行线性组合，可以实现特征层数的变换。

1×1 的卷积核最初是在 Network in Network 这个网络结构中提出来的，通过 1×1 的卷积核，使得网络模型在使用更少参数的情况下，达到和 AlexNet 一样的分类效果，提升了模型的表现力。同时由于模型参数更少，加速了模型的收敛，提高了预测性能。例如，在 GoogLeNet 中，对每一个 Inception 模块均采用 1×1 的卷积核进行降维。

5.6.3 基于宽度和多尺度的设计

多尺度实际上是对图像不同粒度的采样，一般来说，在不同尺度下可以观测到不同的特征，而不同的特征对于任务具有积极的效果。

理论上，不同尺度的图像包含不同的特征信息，为了获得更好的特征表达能力，在传统的图像处理算法中包含两类处理方式，即图像金字塔和高斯金字塔。图像金字塔是一组不同分辨率的图形，形式结构类似于金字塔；高斯金字塔则是对同一图像多次进行高斯模糊，并且向下取样。

VGG 系列模型和 Inception V1 十分相似，但是 Inception V1 的参数量却远小于 VGG 系列模型，很重要的一部分原因是 Inception 拥有独特的网络结构，如图 5-40 所示。

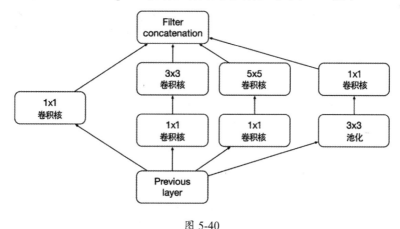

图 5-40

该网络结构由 1×1 卷积核、3×3 卷积核、5×5 卷积核和 3×3 的最大池化组成，对四个并行通道的运算结果进行融合后，提取图像不同尺度的信息。

多尺度的特征融合是网络模型设计过程中的关键部分，一般来说，多尺度的特征融合可以分为并行多分支结构和串行跳层连接结构两种，它们都是在不同的感受野下进行特征提取的。

Inception 为典型的并行多分支结构，即对不同的卷积核和最大池化之后的特征进行融合；串行跳层连接结构在图像分割经典网络 FCN 和 U-Net 中尤为常见，即通过跳层的方式实现特征的组合。并行多分支结构是在同一层级中提取不同感受野的特征，融合之后再传递给下一层；而串行跳层结构则是将不同层级的特征进行融合，实现对特定特征的抽取。

5.7 模型结构设计中的简单技巧

5.7.1 激活函数的选择

激活函数是神经网络中非常重要的一环，它增加了神经网络模型的非线性特征。倘若神经网络中不存在激活函数，那么无论神经网络的深度有多少层，最终均是若干次的矩阵相乘，输入和输出之间依然存在线性关系。

常见的激活函数有 Sigmoid 函数、Tanh 函数、ReLU 函数和 Leaky ReLU 函数等，它们的公式如表 5-18 所示。

表 5-18

	Sigmoid函数	Tanh函数	ReLU函数	Leaky ReLU函数
公式	$f(x) = \dfrac{1}{1+e^{-x}}$	$\tanh(x) = \dfrac{e^x - e^{-x}}{e^{-x} + e^x}$	$R(x) = \max(0, x)$	$f(x) = \begin{cases} x, & x > 0 \\ \lambda x, & x \leqslant 0, \lambda \in (0,1) \end{cases}$
取值区间	(0,1)	(−1,1)	[0, +∞)	(−∞, +∞)
函数图	(a) Sigmoid	(b) Tanh	(c) ReLU	(d) Leaky ReLU

续表

			（1）解决了 ReLU 函数带来的神经元"坏死"的问题，可以将 0.01 设置成一个变量 a，其中 a 是由后向传播学出来的。但是其表现不一定比 ReLU 函数好；
优点	（1）便于求导的平滑函数； （2）能压缩数据，保证数据幅度没有问题； （3）适合前向传播	与 Sigmoid 函数相比，它的输出均值是 0，使得其收敛速度比 Sigmoid 函数快，可以减少迭代次数	（1）函数足够简单，在增强网络非线性能力的同时，训练速度也非常快； （2）防止梯度消失，使网络具有一定的稀疏性	（2）因为 Leaky ReLU 函数是线性的，所以神经网络的计算和训练比 Sigmoid 函数快得多
缺点	（1）Sigmoid 函数反向传播时，很容易出现梯度消失的问题，比如 Sigmoid 函数接近饱和区时，变化太缓慢，导数趋于 0，这时就会造成梯度消失； （2）Sigmoid 函数的输出不是 0 均值的，导致后层的神经元的输入是非 0 均值的信号，这会对梯度产生影响； （3）幂运算相对耗时	（1）幂运算问题依然存在； （2）同样具有软饱和性，从而造成梯度消失	比较脆弱并且可能"死掉"，是不可逆的，进而导致数据多样化的丢失。通过合理设置学习率，可降低神经元"死掉"的概率	超参 λ 需要人工调整

一般来说，深度神经网络的隐藏层可以采用Sigmoid函数、Tanh函数、ReLU函数等作为激活函数。在分类问题中，可以用Sigmoid函数、Softmax函数等求概率。

5.7.2 隐藏神经元的估算

深度神经网络与多层感知器相比隐藏层更深了。在多层感知器中，确定的是输入层和输出层中的节点数量，隐藏层节点数量是不确定的，隐藏层节点数量对神经网络的性能有一定影响，下面的公式可以确定隐藏层节点数量。

$$h = \sqrt{m+n} + a \tag{5-12}$$

其中，h 是隐藏层节点的数量，m 为输入节点个数，n 是输出节点个数，a 是 1 至 10 之间的可调节常数。对于深度神经网络来说，在不断加深网络深度时，可以基于上述公式对隐藏层神经元数量进行估算。

5.7.3 卷积核串联使用

前文介绍过,基于卷积神经网络的深度加深和宽度加宽可以使得模型的效果得到提升,减少过拟合的发生,但同时引入了大量的参数,因此可以考虑把若干个小的卷积核叠加在一起,相比于一个大的卷积核,与原图的连通性不变,但却大大减少了参数个数,降低了计算复杂度,推荐"小而深",避免"大而短"。例如:

(1) 通过两个3×3的卷积核代替一个5×5的卷积核;

(2) 通过三个3×3的卷积核代替一个7×7的卷积核。

更深的网络和更小的卷积核可以带来隐式的正则化效果,在相同感受野的情况下,加深了网络深度,减少了参数计算量。

下面对卷积核处理之后的特征图大小进行验证。设定输入图像大小为$n \times n$,卷积核为$k \times k$,步长为s,边缘填充为p,目前已知卷积之后的特征图大小为$\frac{n+2 \times p-k}{s}+1$。针对一张大小为32像素$\times$32像素的图像,步长为1,边缘填充为0,分别采用一个5×5的卷积核和两个3×3的卷积核进行处理,特征图大小如表5-19所示。

表5-19

卷 积 核	特征图大小	
一个5×5的卷积核	$\frac{n+2 \times p-k}{3}+1 = \frac{32+2 \times 0-5}{1}+1 = 28$	
两个3×3的卷积核	第一个3×3的卷积核:$\frac{n+2 \times p-k}{3}+1 = \frac{32+2 \times 0-3}{1}+1 = 30$	
	第二个3×3的卷积核:$\frac{n+2 \times p-k}{3}+1 = \frac{30+2 \times 0-3}{1}+1 = 28$	

通过表5-19可以发现,两个3×3的卷积核处理之后的特征图大小为28,一个5×5的卷积核处理之后的特征图大小也为28,因此对于特征的表示是无差别的。

同样的参数计算量,对于输入大小为n的特征图,中间的参数量取决于$(k, k, \text{channel})$,k为卷积核大小,channel为通道数,当前卷积层的参数量为$k \times k \times \text{channel} \times n$,因此参数量计算如表5-20所示。

表 5-20

卷 积 核	参 数 量
一个5×5的卷积核	$k \times k \times \text{channel} \times n = 5 \times 5 \times 1 \times n = 25n$
两个3×3的卷积核	$k \times k \times \text{channel} \times n = 3 \times 3 \times 2 \times n = 18n$

显然两个3×3的卷积核处理的参数量小于一个5×5的卷积核，而特征图大小未变，所以可以通过两个3×3的卷积核代替一个5×5的卷积核。同理可知，三个3×3的卷积核可以代替一个7×7的卷积核。

在 VGG-16 中，即采用了多个3×3的卷积核分别替代 AlexNet 中的5×5、7×7和11×11卷积核，通过给定的局部感受野，采用堆积的小卷积核替代大的卷积核，而且参数量更小。

5.7.4 利用 Dropout 提升性能

Dropout 是在论文 *Dropout: A Simple Way to Prevent Neural Networks from Overfitting* 中提到的，它能够避免在训练数据上产生复杂的相互适应，在符合条件的情况下，Dropout 可以使得模型的效果和计算性能都得到提升。

在模型训练过程中，某些隐藏层中的权重并不会给整个网络结构带来训练效果，Dropout 是按照一定的概率从神经网络中暂时移除该部分神经元，这种移除是一种临时移除。在卷积神经网络中，Dropout 可以有效防止过拟合问题。

在大规模神经网络训练过程中，普遍存在两个问题：一是计算周期长，二是容易产生过拟合现象。过拟合的模型不能真实反映数据的规律，会使模型的有效性降低。Dropout 的应用效果如图 5-41 所示。

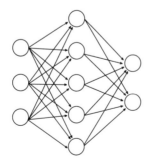
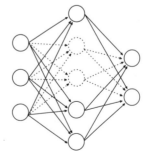

图 5-41

Dropout 的应用过程如下。

① 首先随机从网络中移除一半的隐藏神经元，输入和输出的神经元不做任何变化。

② 然后对移除之后的网络进行前向传播，根据前向传播的结果计算实际误差，再进行反向传播，通过这样一轮前向传播和反向传播之后，按照随机梯度下降的方式更新当前网络的 w 和 b。

③ 恢复第一步被临时移除的隐藏神经元，此时已有部分神经元进行过 w 和 b 的更新，恢复的神经元则一直没变。

④ 不断重复上述步骤，直到训练结果收敛。

Dropout 之所以能够通过上述方式解决过拟合问题，原因如下。

① 均值作用。Dropout 的过程实际上是通过临时移除部分隐藏神经元，将一个神经网络变成一个新的神经网络。不断重复的过程可以理解为在不同神经网络中的不同结果。一般来说，统一的训练数据，经过不同的神经网络，会得到不同的结果。通过对这些不同的结果进行均值化，可以使模型尽可能与真实模型相近。这种平均化的方式可以有效防止过拟合问题。即使不同的神经网络会产生各自的过拟合问题，但是通过综合，也会将各自的过拟合问题折中弱化。

② 避免了神经元之间复杂的共适应关系。由于 Dropout 移除神经元的过程是随机的，因此两个神经元不一定每次都会在 Dropout 之后的神经网络中出现，这意味着在训练过程中有时解除了部分神经元之间的相互关联。为了让模型达到更好的预测效果，应在训练过程中让神经网络学习更加鲁棒的特征。即当模型中某些特征丢失时，模型依然能够进行有效的预测。神经元复杂的共适应关系会使模型的鲁棒降低，最终造成过拟合现象。

一般来说，当单层节点数量大于 256 个时，无论是全连接层或卷积层都建议使用 Dropout，一般设定值为 0.3 或 0.5，Dropout 作为一个超参数，需要在具体的网络模型、应用场景中进行调参。

5.8 小结

本章首先介绍了传统机器学习模型的经典结构，包括经典的回归模型、分类模型和聚类模型。然后介绍了深度学习相关的分类问题模型、聚类问题模型和回归预测模型。接着介绍了深度学习模型设计的三个基本方向：基于深度、升维或降维、宽度和尺度的设计。最后介绍了部分模型结构设计中的技巧。通过对本章内容的学习，读者可系统化地了解模型的整体结构和体系。

参考文献

[1] 毛毅,陈稳霖,郭宝龙,等.基于密度估计的逻辑回归模型[J].自动化学报,2014,40(01):62-72.

[2] 安波.基于逻辑回归模型的垃圾邮件过滤系统的研究[D].哈尔滨:哈尔滨工程大学,2009.

[3] 付凌晖,王惠文.多项式回归的建模方法比较研究[J].数理统计与管理,2004(01):48-52.

[4] 唐杰,林志扬,莫莉.多项式回归与一致性研究:应用及分析[J].心理学报,2011,43(12):1454-1461.

[5] 魏凤英,赵溱,张先恭.逐步回归周期分析[J].气象,1983(02):2-4.

[6] 游士兵,严研.逐步回归分析法及其应用[J].统计与决策,2017(14): 31-35

[7] 郭鹏妮.岭回归与分位数回归的研究及结合应用[D].哈尔滨:哈尔滨工业大学,2014.

[8] 史志伟,韩敏.ESN 岭回归学习算法及混沌时间序列预测[J].控制与决策,2007(03):258-261+267.

[9] 宋静.SVM 与 AdaBoost 算法的应用研究[D].大连:大连海事大学,2011.

[10] 许剑,张洪伟,等.AdaBoost 算法分类器设计及其应用[J].四川理工学院学报(自然科学版),2014,27(01):28-31.

[11] 吴继兵,李心科.基于 K-最近邻居图划分的聚类中心初始化算法[C].// 全国第20届计算机技术与应用学术会议(CACIS•2009)暨全国第1届安全关键技术与应用学术会议论文集(上册),2009.

[12] 伍育红.聚类算法综述[J].计算机科学,2015,42(S1):491-499+524.

[13] 张红云,石阳,马垣.数据挖掘中聚类算法比较研究[J].鞍山钢铁学院学报,2001(05):364-367+371.

[14] 刘泉凤,陆蓓,等.数据挖掘中聚类算法的比较研究[J].浙江水利水电学院学报,2005(02):55-58.

[15] 陈平生.K-Means 和 ISODATA 聚类算法的比较研究[J].江西理工大学学报,2012,33(01):78-82.

[16] 缪元武.基于层次聚类的数据分析[D].合肥:安徽大学,2013.

[17] 李娜, 钟诚. 基于划分和凝聚层次聚类的无监督异常检测[J]. 计算机工程, 2008(02): 120-123+126.

[18] 荣秋生, 颜君彪, 郭国强. 基于DBSCAN聚类算法的研究与实现[J]. 计算机应用, 2004(04): 45-46+61.

[19] 武佳薇, 李雄飞, 孙涛, 等. 邻域平衡密度聚类算法[J]. 计算机研究与发展, 2010, 47(06):1044-1052.

[20] 吴同. 基于深度学习的分类算法研究及应用[D]. 长春：吉林大学, 2016.

[21] 刘婷婷, 朱文东, 刘广一. 基于深度学习的文本分类研究进展[J]. 电力信息与通信技术, 2018,16(03):1-7.

[22] 杨琪. 基于深度学习的聚类关键技术研究[D]. 成都：西南交通大学, 2016.

[23] 陈凯. 基于深度学习和回归模型的视觉目标跟踪算法研究[D]. 武汉：华中科技大学,2018.

[24] 王秀美. 深度学习在回归预测中的研究及应用[D]. 泰安：山东农业大学,2017.

[25] LECUN Y , BOTTOU L . Gradient-based Learning Applied to Document Recognition[J]. Proceedings of the IEEE, 1998, 86(11):P.2278-2324.

[26] KRIZHEVSKY A , SUTSKEVER I , HINTON G . ImageNet Classification with Deep Convolutional Neural Networks[J]. Advances in neural information processing systems, 2012, 25(2).

[27] SIMONYAN K, ZISSERMAN A. Very Deep Convolutional Networks for Large-scaleImage Recognition[J]. arXiv:1409.1556, 2014.

[28] SZEGEDY C , IOFFE S , VANHOUCKE V , et al. Inception-v4, Inception-ResNet and the Impact of Residual Connections on Learning[J]. arXiv:1602.07261, 2016.

[29] SRIVASTAVA N, HINTON G, KRIZHEVSKY A, et al. Dropout: A Simple Way to Prevent Neural Networks from Overfitting[J]. Journal of Machine Learning Research, 2014, 15(1): 1929-1958.

[30] 秦悦, 丁世飞. 半监督聚类综述[J]. 计算机科学, 2019, 46(09): 15-21.

[31] 韩家炜, 范明, 孟小峰. 数据挖掘：概念与技术[M]. 北京：机械工业出版社, 2012.

[32] WANG W, YANG J, MUNTZ R. STING: A Statistical Information Grid Approach toSpatialData Mining[C]//VLDB,1997, 97: 186-195.

[33] HADSELL R, CHOPRA S, LECUN Y. Dimensionality Reduction by Learning An Invariant Mapping[C]. //2006 IEEE Computer Society Conference on Computer Vision and Pattern Recognition (CVPR'06). IEEE, 2006, 2: 1735-1742.

[34] PENNINGTON J, SOCHER R, MANNING C. Glove: Global Vectors for Word Representation[C]. //Proceedings of the 2014 conference on empirical methods in natural language processing (EMNLP),2014: 1532-1543.

[35] ROHDE D L T, GONNERMAN L M, PLAUT D C. An Improved Model of Semantic Similarity Based On Lexical Co-occurrence[J]. Communications of the ACM, 2006, 8(627-633): 116.

[36] 刘凡平. 大数据时代的算法[M]. 北京：电子工业出版社, 2016.

[37] DEVLIN J, CHANG M W, LEE K, et al. Bert: Pre-training of Deep Bidirectional Transformers for Language Understanding[J]. arXiv:1810.04805, 2018.

第 6 章
目标函数设计

统计学习的三要素是模型、策略和算法（优化方法）。模型是机器所要学习的条件概率分布或决策函数；策略是通过某种方法选择最优模型；算法（优化方法）是如何用数值计算方法高效找到全局最优解。策略的具体方法可以分为损失函数、经验风险最小化、结构风险最小化等，而目标函数则是策略中的具体呈现。

6.1 损失函数

6.1.1 一般简单损失函数

目标函数是目标与相关因素的函数关系表示。例如，某超市预测明天的销售额情况，目前已知过去一年每天的销售额、天气和人流量等情况，目标是预估明天的销售额情况。此时的目标函数是通过已知的天气、人流量等（相关因素），求解销售额情况的函数关系表示。

损失函数（Loss Function）是将随机事件或有关随机变量的取值映射为非负实数来表示该随机事件的"风险"或"损失"的函数。在应用中，损失函数通常作为学习准则与优化问题相联系，即通过最小化损失函数求解和评估模型。

损失函数、代价函数与目标函数有一定的相关性。损失函数和代价函数基本上是同一个概念，但分别针对的是单个样本和整体样本。目标函数是一个与它们相关但包含更广的概念，对于目标函数来说，在有约束条件下的最小化就是损失函数。

如果预测值与实际结果偏离较远，则损失函数会得到一个非常大的值。在一些优化函数的辅助下，损失函数逐渐学会减少预测值的误差。

实际上，并没有一个适合所有机器学习算法的损失函数。业务领域不同、问题选择不同，损失函数也不同。从技术的角度来看，损失函数涉及许多因素，比如选择的机器学习算法、可计算性、数据情况等。

损失函数分为经验风险损失函数和结构风险损失函数两种。经验风险损失函数指预测结果和实际结果的差别，结构风险损失函数是经验风险损失函数加上正则项。

在一些简单的场景或简单的模型应用中，常见的损失函数如表6-1所示。

表6-1 常见的损失函数介绍

损失函数	公式	描述	适用问题
0-1 损失函数	$L(y, f(x)) = \begin{cases} 1, y \neq f(x) \\ 0, y = f(x) \end{cases}$	0-1 损失函数直接对应分类判断错误的个数，但它是一个非凸函数，感知器采用类似的损失函数	回归问题
L1 损失函数	$L_1(x) = \sum_{i=1}^{n} |Y_i - f(x_i)|$	也被称作最小绝对值偏差（LAD）、最小绝对值误差（LAE），目标值（Y_i）与估计值（Y_i'）的绝对差值的总和最小化	回归问题

续表

损失函数	公式	描述	适用问题
L2 损失函数	$L_2(x) = \sum_{i=1}^{n}(Y_i - f(x_i))^2$	也被称作最小平方误差（LSE），是目标值（Y_i）与估计值（Y_i'）的绝对差值的平方和最小化。L1 损失函数比 L2 损失函数的鲁棒性好；L2 损失函数具备稳定的解，L1 损失函数不具备稳定的解，L1 损失函数可能存在多个解	回归问题
Smooth L1 损失函数	$\text{smooth}_{L_1}(x) = \begin{cases} 0.5x^2, & \|x\| < 1 \\ \|x\| - 0.5, & \text{otherwise} \end{cases}$	Smooth L1 损失函数和 L1 损失函数的区别在于，L1 损失函数在 0 点处导数不唯一，可能影响收敛。Smooth L1 损失函数的解决办法是在 0 点附近使用平方函数使它更加平滑	回归问题
对数损失函数	$L(y, p(y\|x)) = -\lg(y\|x)$	对数损失函数能非常好地表征概率分布，在很多场景中，尤其是在多分类场景中，如果想要知道结果属于每个类别的置信度，那么非常适合使用对数损失函数。缺点是鲁棒不强，对噪声较为敏感。逻辑回归采用此函数	分类问题
指数损失函数	$L(y, f(x)) = \exp(-yf(x))$	对离群点、噪声非常敏感，AdaBoost 算法采用此损失	分类问题
Hinge 损失函数	$L(y, f(x)) = \max(0, 1 - yf(x))$	Hinge 损失函数表示如果被分类正确，则损失为 0，否则损失为 $1 - yf(x)$。鲁棒相对较高，对异常点、噪声不敏感，支持向量机采用此损失函数	分类问题
感知损失函数	$L(y, f(x)) = \max(0, -f(x))$	Hinge 损失函数的一个变种。Hinge 损失函数对判定边界附近的点（正确端）的惩罚力度很高。而感知损失函数只要样本的判定类别正确，它就满意，不管其判定边界的距离。模型的泛化能力没有 Hinge 损失函数强	分类问题

6.1.2 图像分类场景经典损失函数

在图像分类场景中，如人脸识别、物品识别等领域，经常会涉及不同领域场景下的损失函数，包括交叉熵损失函数、Focal 损失函数等。

交叉熵损失函数

交叉熵（Cross Entropy）损失函数是二分类及多分类分类问题中最常用的损失函数，见式（6-1）。

$$L = -[y\lg a + (1 - y)\lg(1 - a)] \quad (6-1)$$

其中，y 是预测的输出值，a 是期望的输出。交叉熵损失函数能够很敏感地感知到分类效果的差异，并且能够实现精确的量化。当用交叉熵损失函数做分类问题时，常常结合 Sigmoid 或

Softmax 函数一起使用。一般情况下，把 Sigmoid 或 Softmax 函数的结果按照 One-hot 编码生成相同维度的数据输入交叉熵损失函数进行计算。

假设有一个针对各城市的天气预测系统，预测结果分为三类：阴天、下雨、晴。现有两个模型 A、B 分别对不同城市样本某日天气预测阴天、下雨、晴的概率如表 6-2 所示。

表 6-2

模 型	城市样本	p(阴天)	p(下雨)	p(晴)	真 实 值	分类情况
模型 A	1	0.35	0.20	0.45	[0 0 1]	正确
	2	0.20	0.60	0.20	[0 1 0]	正确
	3	0.30	0.40	0.30	[1 0 0]	错误
模型 B	1	0.10	0.10	0.80	[0 0 1]	正确
	2	0.20	0.30	0.50	[0 1 0]	错误
	3	0.70	0.15	0.15	[1 0 0]	正确

从分类正确率来看，两个模型均预测对了两个，分类正确率一致。细致观察可以发现，模型 B 的效果更贴近真值，但是分类正确率无法体现这类差异。因为交叉熵损失函数能够较好地表示模型 A 和模型 B 内在的差异，所以通过交叉熵损失函数公式计算各样本的损失均值，如表 6-3 所示。

表 6-3

模 型	样 本	计算	损失均值
模型 A	1	$-(0 \times \lg 0.35 + 0 \times \lg 0.20 + 1 \times \lg 0.45) \approx 0.347$	0.634
	2	$-(0 \times \lg 0.20 + 1 \times \lg 0.60 + 0 \times \lg 0.20) \approx 0.222$	
	3	$-(1 \times \lg 0.30 + 0 \times \lg 0.10 + 0 \times \lg 0.30) \approx 0.523$	
模型 B	1	$-(0 \times \lg 0.10 + 0 \times \lg 0.10 + 1 \times \lg 0.80) \approx 0.097$	0.258
	2	$-(0 \times \lg 0.20 + 1 \times \lg 0.30 + 0 \times \lg 0.50) \approx 0.523$	
	3	$-(1 \times \lg 0.70 + 0 \times \lg 0.15 + 0 \times \lg 0.15) \approx 0.155$	

通过计算可以发现，模型 B 比模型 A 的损失均值低，因此模型 B 的效果比模型 A 的好。交叉熵损失函数的优势不仅体现在能够量化出损失的差异，还能比其他损失函数更好地应用在算法中。例如，当激活函数是与 Sigmoid 类似的函数时，其在上边界和下边界的斜率下降十分快，用平方差损失函数会导致误差较小。当误差较小时，梯度也会很小，因此当训练结果接近真实值时，会因为梯度算子极小，使得模型的收敛速度变得非常缓慢。使用交叉熵损失函数可以避免这种衰退，因为交叉熵损失函数在接近上边界时，其仍然可以保持在高梯度状态，因此模型

的收敛速度不会受到影响。当然，如果使用线性输出函数或其他激活函数，则可以使用平方差损失函数。

6.1.3 目标检测中的经典损失函数

目标检测是很多计算机视觉应用的基础，比如实例分割、人体关键点提取、人脸识别等，它结合了目标分类和定位两个任务。对于目标分类，则是区分前景物体框与背景，同时为它们分配适当的类别标签；而对于定位，则是回归一组系数，使得检测框和目标框之间的交并比最大。目标检测的示例如图 6-1 所示。

图 6-1

目标检测主要用于分析图像中的物体，以及物体的类别和位置，比如图 6-1 中的人脸检测，主要确认是否有人脸及人脸的具体位置。当然，在目标检测之后也可以对检测区域进行深入的二次分析等。在目标检测中，常见的损失函数有 Dice 损失函数、IOU 损失函数和 Focal 损失函数等，下面主要介绍 Focal 损失函数。

Focal 损失函数

Focal 损失函数主要用来解决在分类场景中数据分布不平衡导致的训练困难问题。Focal 损失函数产生的背景是目标检测分为 One-Stage 和 Two-Stage。One-Stage 和 Two-Stage 的区别是，One-Stage 可直接回归物体的类别概率和位置坐标值，而 Two-Stage 则生成一系列样本的候选框，再通过卷积神经网络进行分类。One-Stage 与 Two-Stage 相比，One-Stage 的速度更快，但是精度更低。

导致 One-Stage 的准确率不如 Two-Stage 的原因是样本分布不均匀。因为在一张图中可能有成千上万的候选区域，但是实际包含目标对象的则是少数，因此这就带来了样本分布不均匀的问题。样本分布不均匀表现为负样本数量过大，从而导致大多数的分类非常容易，使得模型的优化不一定能够按照期望的方向进行，因此提出了 Focal 损失函数。

Focal 损失函数是在标准交叉熵损失函数的基础上改进而来的,通过降低易分类样本的权重,使得模型更关注难的分类,因此实际上是一种困难样本选择函数。Focal 损失函数的提出者设计了 RetinaNet 目标检测模型,在保持 One-Stage 速度的基础上,达到 Two-Stage 的准确率。

Focal 损失函数在标准交叉熵损失函数的基础上引入了 γ 和 α 两个因子。例如,二分类的交叉熵损失函数如式(6-2)所示。

$$L = \begin{cases} -\lg y', & y = 1 \\ -\lg(1 - y'), & y = 0 \end{cases} \quad (6\text{-}2)$$

其中,y 是真值,y' 是预测值。引入 γ 之后如式(6-3)所示。

$$L = \begin{cases} -(1 - y')^{\gamma} \lg y', & y = 1 \\ -y'^{\gamma} \lg(1 - y'), & y = 0 \end{cases} \quad (6\text{-}3)$$

其中,$\gamma > 0$,当为正样本时,$(1 - y')^{\gamma}$ 会更小,此时损失函数的值会变得更小,因此通过 γ 可减少易分类样本的损失,使得模型更关注难的样本。此外,在引入 γ 的基础上,引入 α 之后的 Focal 损失函数如式(6-4)所示。

$$L = \begin{cases} -\alpha(1 - y')^{\gamma} \lg y', & y = 1 \\ -(1 - \alpha) y'^{\gamma} \lg(1 - y'), & y = 0 \end{cases} \quad (6\text{-}4)$$

通过 α 平衡正负样本的重要性,再结合 γ 就形成了解决不均衡样本的损失函数。

6.1.4 图像分割中的经典损失函数

在计算机视觉领域,图像分割(Segmentation)可将数字图像细分为多个图像子区域(像素的集合)。图像分割的目的是简化或改变图像的表现形式,使图像更容易理解和分析,或更容易分割出图像中特定的物体。

图像分割通常用于定位图像中的物体和边界,它可以为图像中的每个像素加标签,使具有相同标签的像素具有某种共同的视觉特性。

图像分割在医疗领域被广泛使用,例如在医疗图像中分析肿瘤、异常区域等。图像分割的示例如图 6-2 所示,它可实现对图像的特定区域进行提取。

图 6-2

随着图像分割的广泛使用，各类算法也层出不穷，但是无论何种算法，归根结底还是对像素的分类，因此不同的图像分割场景有不同的损失函数，如交叉熵损失函数、Dice 损失函数等。

Dice 损失函数

Dice 损失函数在医学图像相关论文、项目中涉及得相对较多，最早是在 *V-Net：Fully Convolutional Neural Networks for Volumetric Medical Image Segmentation* 这篇论文中被提出的，后来被广泛应用在医学影像分割中。Dice 损失函数可解决前景比例过小的问题。

Dice 损失函数源于 Dice 系数（Dice Coefficient），Dice 系数是二分类领域中的度量方法，本质上是衡量两个样本的重叠部分。该指标范围从 0 到 1，其中"1"表示完整的重叠。Dice 系数计算公式如式（6-5）所示。

$$\text{Dice} = \frac{2|A \cap B|}{|A| + |B|} \tag{6-5}$$

其中$|A \cap B|$表示A和B的共同元素，$|A|$和$|B|$表示每个集合中的元素个数。Dice 系数是一种集合相似度度量函数，两个集合越相似，则 Dice 系数越大。将此衡量相似度的方法衍生到损失函数，则如式（6-6）所示。

$$\text{Dice Loss} = 1 - \frac{2|A \cap B|}{|A| + |B|} \tag{6-6}$$

两个集合越相似，损失函数的值越小。若两个集合完全相同，则损失函数的值为 0。例如，在预测结果和期望结果如下所示的样本中，进行 Dice 损失函数的计算。

$$\text{target} = \begin{bmatrix} 0 & 0 & 0 & 0 \\ 1 & 1 & 1 & 1 \\ 0 & 0 & 0 & 0 \\ 1 & 1 & 1 & 1 \end{bmatrix}, \text{predict} = \begin{bmatrix} 0.12 & 0.20 & 0.19 & 0.24 \\ 0.85 & 0.93 & 0.91 & 0.88 \\ 0.22 & 0.16 & 0.25 & 0.13 \\ 0.91 & 0.95 & 0.89 & 0.93 \end{bmatrix}$$

首先求$|A \cap B|$，考虑到实际预测结果并非 0 和 1，因此可以采用权重相乘的方式计算。

$$|A \cap B| = \begin{bmatrix} 0 & 0 & 0 & 0 \\ 1 & 1 & 1 & 1 \\ 0 & 0 & 0 & 0 \\ 1 & 1 & 1 & 1 \end{bmatrix} \times \begin{bmatrix} 0.12 & 0.20 & 0.19 & 0.24 \\ 0.85 & 0.93 & 0.91 & 0.88 \\ 0.22 & 0.16 & 0.25 & 0.13 \\ 0.91 & 0.95 & 0.89 & 0.93 \end{bmatrix} = \begin{bmatrix} 0 & 0 & 0 & 0 \\ 0.85 & 0.93 & 0.91 & 0.88 \\ 0 & 0 & 0 & 0 \\ 0.91 & 0.95 & 0.89 & 0.93 \end{bmatrix}$$

对 $|A \cap B|$ 的元素求和，即 $|A \cap B| = 7.25$，对 $|A|$ 和 $|B|$ 也进行求和计算：

$$|\text{target}| = \begin{bmatrix} 0 & 0 & 0 & 0 \\ 1 & 1 & 1 & 1 \\ 0 & 0 & 0 & 0 \\ 1 & 1 & 1 & 1 \end{bmatrix} = 8$$

$$|\text{predict}| = \begin{bmatrix} 0.12 & 0.20 & 0.19 & 0.24 \\ 0.85 & 0.93 & 0.91 & 0.88 \\ 0.22 & 0.16 & 0.25 & 0.13 \\ 0.91 & 0.95 & 0.89 & 0.93 \end{bmatrix} = 7.83$$

因此计算得出的损失值如下：

$$\text{Dice Loss} = 1 - \frac{2 \times 7.25}{8 + 7.83} \approx 0.084$$

从计算结果来看，Dice 损失函数能够反映图像分割之后的区域情况，但是在使用Dice损失函数时，训练的 Loss 曲线不一定完全可信，这是由公式中计算点的分布情况和数值决定的。

6.1.5 对比场景中的经典损失函数

对比场景主要用在判断图像相似或文本相似场景中，例如，判断两张图像的相似度、判断两张人脸是否属于同一人脸等。因此定义相似函数是整个对比场景中的关键。

对于一般的交叉熵损失函数，通常对比的是 One-hot 编码之后的结果。例如，对于三类物品，可以用(1 0 0)、(0 1 0)、(0 0 1)这样的编码来定义。但是类别之间的关系，尤其是相似度关系很难去度量。从向量的角度，这三者之间的相似度（距离）为$\sqrt{2}$。

因此从对比场景的角度来看，期望损失函数能够使得同一类样本的相似度足够高，不同类样本的相似度足够低。经典的损失函数有对比损失函数和三元组损失函数两种。

1. 对比损失函数

对比损失（Contrastive Loss）函数的设计源于 Siamese Network（孪生神经网络），它可以较好地处理成对数据的关系。Siamese Network 的大致结构如图 6-3 所示，首先输入对值，然后两者进入孪生神经网络，最后将输出结果放到对比损失函数中计算两者的损失。

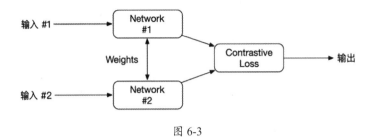

图 6-3

例如，在上述网络中，如果输入的对值为同一类别，则损失值尽可能小。以人脸识别为例，若把一个人的两张人脸照片作为输入，则输出为 1，表示是同一人。若输入的为不同人的两张人脸照片，则输出为 0，表示是不同的人。

对比损失函数的表达式如式（6-7）所示。

$$L(Y, D_{X_1, X_2}) = (Y)\frac{1}{2}(D_{X_1, X_2})^2 + (1-Y)\frac{1}{2}[\max(0, m - D_{X_1, X_2})]^2 \tag{6-7}$$

其中，Y 表示输出的真值，$Y=1$ 表示样本相似，$Y=0$ 表示样本不相似；D_{X_1,X_2} 表示输入的对值 X_1、X_2 的欧氏距离；m 为设定的距离阈值。

当样本相似时，即 $Y=1$ 时，对比损失函数的表达式如式（6-8）所示。

$$L_1 = (Y)\frac{1}{2}(D_{X_1, X_2})^2 \tag{6-8}$$

欧氏距离越大，表示损失越大，模型越不好；反之，欧氏距离越小，则越符合样本相似的情况。

同理，当非同一个样本时，即 $Y=0$ 时，对比损失函数的表达式如式（6-9）所示。

$$L_0 = (1-Y)\frac{1}{2}[\max(0, m - D_{X_1, X_2})]^2 \tag{6-9}$$

此时两者的欧氏距离越小，损失值反而越大；反之，欧氏距离越大，则损失值越小。当超过了距离阈值 m 时，则意味着损失值为 0。因此，对比损失函数只考虑了大小范围为 m 的值，这类似于人脸识别时，人脸相似度在某一范围内时疑可认为是同一人，但是若超过相似度的范围，则认为不再是同一人，无论相似度的值有多低。

对比损失函数很好地协调了对比过程中的相似和不相似的约束，使得模型训练能够按照指定的优化方向进行，达到对图像或文本的对比区分。

2．三元组损失函数

三元组损失（Triplet Loss）函数最初发表在 *FaceNet: A Unified Embedding for Face Recognition and Clustering* 论文上，用于人脸识别场景中。

人脸识别从表面上看是图像分类问题，每个人属于一个类别，通过Softmax函数和交叉熵损失函数可以达到较好的分类效果。但是在实际使用中，这样的方式并不适合，因为Softmax函数要求模型的类别是固定的，即输出的维度是确定的，维度决定了类别数。但在实际应用场景中，并不会严格限制类别数，因为限制了类别数就限制了人脸识别的人数，当有新的人脸注册或人脸移除时，需要对模型进行重新训练，这显然不符合业务场景。

因此应使用对人脸进行特征编码的方式进行存储，每注册一个人脸，就通过模型生成 128 维或 256 维的特征数据，即 Embedding。同一人的不同人脸，其 Embedding 的距离应尽可能近，而不同人的人脸，其 Embedding 的距离应尽可能远，从而不再限制类别数，因此生成 Embedding 的过程非常重要。

三元组损失函数是保障 Embedding 能够有效生成的损失函数，通过使同一人的 Embedding 的距离尽可能近、不同人的 Embedding 的距离尽可能远的方式，较好地生成 Embedding。三元组损失函数的网络结构如图 6-4 所示。

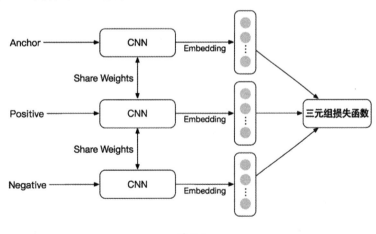

图 6-4

其中，Anchor 是模型的基准参照样本，Positive 表示与 Anchor 同类别的样本，Negative 表示与 Anchor 不同类别的样本，这也是三元组损失函数中三元组的含义。三元组损失函数的三元组表达形式为 $<a,p,n>$，损失函数定义如式（6-10）所示。

$$L = \max(d(a,p) - d(a,n) + \text{margin}, 0) \tag{6-10}$$

其中，d 表示两个样本的距离；margin 表示距离阈值。通过式（6-10）可以看出，若 Anchor 和 Positive 的距离足够近、Anchor 和 Negative 的距离足够远，则 L 的损失可能接近于 0。但在实际中可能会遇到如下三种情况。

（1）明显距离区分。当 $d(a,p) + \text{margin} < d(a,n)$ 时，即 $L = 0$，此时表示 Anchor 和 Positive 在一定的距离范围之内属于同一类，说明区分差异较大，属于典型的 Easy Triplets，即很容易划分的三元组。

（2）比较难的区分。当 $d(a,p) > d(a,n)$ 时，即同一类别样本之间的距离比不同类别样本之间的距离远，这类三元组是比较难训练的，也被称作 Hard Triplets。

（3）处于上述两者之间。当 $d(a,p) < d(a,n) < d(a,p) + \text{margin}$ 时，即不同类别样本在阈值区间，也被称作 Semi-Hard Triplets。

三种情况如图 6-5 所示，在训练过程中更侧重于选择 Semi-Hard Triplets、Hard Triplets 或两者的组合。

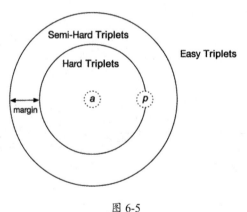

图 6-5

三元组损失函数更细粒度地实现了图像的相似度判断，使其在人脸识别、行人识别等领域中被广泛使用。这种差异性度量比 Softmax 函数更优，但是三元组损失函数在实际使用中收敛速度相对较慢，尤其是当样本量较大时，需要更长的训练时间。而在实际预测或线上使用时，通常要求做到实时计算。

6.2 风险最小化和设计原则

6.2.1 期望风险、经验风险和结构风险

期望风险、经验风险和结构风险均是建立在损失函数基础之上的概念。损失函数更多的是针对单个具体的样本，它表示的是模型预测值与样本真实值之间的差距。

1. 经验风险

经验风险最小化（Empirical Risk Minimization，ERM）是统计学理论中的一项原则，该原则定义了一系列学习算法，为算法的实际性能提供理论界限。因为无法了解真实场景处理数据的绝对分布，因此预测或分析算法在实际应用中是存在风险的，但是可以通过一批历史数据或抽样数据等，尽可能衡量或逼近真实的风险。

在一般的有监督学习中，对于输入的空间 X，输出的空间 Y，假设存在一个函数 $f: X \to Y$ 和一个非负值的损失函数 $L(f(x), y)$ 来衡量预测值 $\hat{y}$ 与期望值 y 的差异，则 $f(x)$ 的风险定义为损失函数 $L(\hat{y}, y)$，经验风险的计算公式如式（6-11）所示。

$$R_{\exp}(f) = \frac{1}{n}\sum_{i=1}^{n} L(f(x_i), y_i) \tag{6-11}$$

经验风险最小化则是让式（6-11）尽可能小，其中 n 表示样本数。因此经验风险是对训练集中所有样本损失函数的平均最小化。经验风险越小，说明模型 $f(x)$ 对训练集的拟合程度越好，因此经验风险最小化表示训练过程尽可能拟合训练数据。

2. 期望风险

经验风险是针对整体训练样本而言的，而对于未知的数据，经验风险的值仅有参考价值，期望风险则是针对模型对所有样本预测能力的预估。理想的模型是让所有的样本损失函数最小，即期望风险最小。期望风险的计算公式如式（6-12）所示。

$$R_{\exp}(f) = E_p[L(f(x), y)] \tag{6-12}$$

期望风险函数很难获得，期望风险的计算依赖于模型输入和输出的联合分布函数，因此期望风险函数是理想化的，是基于所有样本数据的损失函数最小化的表达，实际很难完成计算。经验风险是可计算的，是基于训练集样本数据的损失函数最小化的表达。

3. 结构风险

结构风险最小化（Structural Risk Minimization，SRM）是为了防止过拟合现象提出的策略。

结构风险最小化等价于正则化,结构风险是在经验风险上加上表示模型复杂度的正则化项,结构风险的计算公式如式(6-13)所示。

$$R_{\exp}(f) = \frac{1}{n}\sum_{i=1}^{n} L(f(x_i), y_i) + \lambda J(f) \qquad (6-13)$$

与经验风险相比,结构风险多了一个惩罚项,其中,λ是一个大于0的系数。$J(f)$表示的是模型f的复杂度。针对式(6-13),可以理解为经验风险越小,模型越复杂,其包含的参数越多,当经验风险函数小到一定程度时就出现了过拟合现象。因此可以通过降低模型的复杂度来防止过拟合现象的发生,即让惩罚项$J(f)$最小化。

想要结构风险小,则需要经验风险和模型复杂度都小。结构风险小的模型往往对训练数据和未知的测试数据都有较好的预测效果。

6.2.2 目标函数的设计原则

几乎所有的机器学习算法最后都归结为求解最优化问题,使得算法能够达到业务目标。为了完成某一目标,需要构造出一个"目标函数",然后让该函数取极大值或极小值,从而得到机器学习算法的模型参数。

从最优化问题的角度来看,其实主要是两方面的问题:一是定义好目标函数;二是确定如何对目标函数进行求解。

针对目标函数,需要关注以下两个问题。

(1)关注目标函数设计的合理性。目标函数,顾名思义,代表着模型的目标,因此设计时应当与目标强相关,甚至可以直接体现模型的终极目标,但是需要有合理的梯度,可以被求解。

(2)与准确率相比,应更注重目标函数的设计。准确率是对目标函数的间接性度量,精准有效的目标函数可以明显地提升准确率,但是在关注准确率之前,应该更重视目标函数的设计。造成准确率不高的原因有很多,但若是目标函数出错,则后续的结果大多不会太好。

在设计模型过程中,很多目标函数通常是指损失函数,因此对损失函数的设计提出了更高的要求。损失函数一定要符合业务的要求,并且结构风险应尽可能小。

6.3 基于梯度下降法的目标函数优化

优化算法的作用是通过不断改进模型中的参数，使得模型的损失最小或准确度更高。在神经网络中，训练的模型参数主要是内部参数，包括权重（W）和偏置（b）。模型的内部参数在有效训练模型和产生准确结果方面起着非常重要的作用，因此需要使用各种优化策略和算法来更新和计算影响模型训练和模型输出的网络参数，使其近似或达到最优值。常见的优化算法有以下两种。

（1）一阶优化算法。

该算法使用参数的梯度值来最小化损失值。最常用的一阶优化算法是梯度下降法。函数梯度可以采用导数$\frac{dy}{dx}$的多变量表达式进行表达，用于表示y相对于x的瞬时变化率。为了计算多变量函数的导数，通常用梯度代替导数，并使用导数来计算梯度。梯度和导数之间的主要区别在于函数的梯度是一个向量场。

（2）二阶优化算法。

二阶优化算法使用二阶导数（也称为 Hessian 方法）来最小化损失值。二阶优化算法的代表是牛顿法和拟牛顿法，其目前最大的困难在于计算复杂度。由于二阶导数的计算成本较高，因此该方法尚未得到广泛应用。

6.3.1 理论基础

梯度下降法（Gradient Descent）是机器学习中最常用的优化算法，常用于求解目标函数的极值。

梯度是一个向量，表示函数在该点处的方向导数沿着该方向可取得最大值，即函数在该点处沿着该方向变化最快、变化率最大，这个方向即为此梯度的方向，变化率即为该梯度的模。

梯度下降法是一种不断迭代的运算方法，每一步都在求解目标函数的梯度向量，把当前位置的负梯度方向作为新的搜索方向，从而不断迭代。如果把当前位置的负梯度方向作为新的搜索方向，并且在该方向上的目标函数的梯度向量下降最快，则可以找到局部最小值；同理，若是把梯度的正方向作为新的搜索方向，则找到的是局部最大值。

例如，(x_1, x_2)表示人的身高和体重，$f(x_1, x_2)$输出的是偏胖或不偏胖的结果。现给定一堆(x_1, x_2)集合，通过训练使得$f(x_1, x_2)$能够判定输入的值属于偏胖或不偏胖。拟合函数定义如式（6-14）所示。

$$f(x) = \theta_1 x_1 + \theta_2 x_2 + \theta_3 \quad (6\text{-}14)$$

训练的过程是找到有效的$f(x)$函数,使得训练中的样本均满足$f(x)$的输出结果。因此可以定义一个误差函数,误差函数表达的是预测值与真实值差的平方和的一半,如式(6-15)所示。

$$\text{Loss}(\theta) = \frac{1}{2}\sum_{i=1}^{n}[f(x_i) - y_i]^2 \quad (6\text{-}15)$$

其中,x_i表示第i个输入样本;y_i表示训练样本的期望输出;$f(x_i)$是实际训练结果的输出。对于整个系统而言,误差函数越小,对训练样本的拟合度越高,因此可以将问题转换为求$\text{Loss}(\theta)$的极小值(极小值时误差最小),即当θ_1、θ_2、θ_3取何值时,整个系统的误差最小。因此需要求解$\text{Loss}(\theta)$的梯度,即依次对θ_1、θ_2、θ_3求偏导数,推导公式如下。

$$\begin{aligned}\frac{\partial}{\partial \theta_j}\text{Loss}(\theta) &= \frac{\partial}{\partial \theta_j}\frac{1}{2}(f(x) - y)^2 \\ &= 2 \times \frac{1}{2}(f(x) - y) \times \frac{\partial}{\partial \theta_j}(f(x) - y) \\ &= (f(x) - y) \times \frac{\partial}{\partial \theta_j}\left(\sum_{i=0}^{n}\theta_i x_i - y\right) \\ &= (f(x) - y) x_i\end{aligned}$$

在求得偏导数之后,θ需要在当前梯度位置的反方向进行调整,如式(6-16)所示。

$$\theta_j = \theta_j - \eta \times \frac{\partial \text{Loss}}{\partial \theta_j} \quad (6\text{-}16)$$

其中,η是学习速率。经过多次迭代,即可得到最优的θ_1、θ_2、θ_3,即在这些参数之下,$f(x)$训练的样本整体误差值最小。

例如,利用梯度下降法求$y = x^2 + 2x + 1$的函数极值,假设学习速率为0.1,x的计算起始位置从1开始,目标函数是$y = x^2 + 2x + 1$,可以得到其导数为$f'(x) = 2x + 2$,梯度下降法的迭代效果如表6-4所示。

表6-4

迭 代	当前x的初始位置	调整方向计算	调整完毕之后的x值
1	$x = 1$	$-f'(1) \times 0.1$	$1 + (-f'(1) \times 0.1) = 0.6$
2	$x = 0.6$	$-f'(0.6) \times 0.1$	$0.6 + (-f'(0.6) \times 0.1) = 0.28$

续表

迭 代	当前x的初始位置	调整方向计算	调整完毕之后的x值
3	$x = 0.28$	$-f'(0.28) \times 0.1$	$0.28 + (-f'(0.28) \times 0.1) = 0.024$
…	…	…	…

x在迭代过程中，可以发现不断趋近于$f(x)$的极值所在位置 0，通过不断迭代、收敛之后，获得相应的x值，即可求出$f(x)$的极值。

6.3.2 常见的梯度下降法

常见的梯度下降法有三种，分别是批量梯度下降法（Batch Gradient Descent）、随机梯度下降法（Stochastic Gradient Descent）和小批量梯度下降法（Mini-batch Gradient Descent）。

（1）批量梯度下降法。批量梯度下降法是每次都使用全量的训练集样本来更新模型参数，整个过程简单且易于实现。凸目标函数获得的是全局最优解，也就是说，对于非凸目标函数可以保证一个局部最优解。由于批量梯度下降法每次更新时都会使用所有训练数据，所以训练过程较慢，尤其当训练数据较大时。

（2）随机梯度下降法。随机梯度下降法是每次从训练集中随机选择一个样本进行学习，训练速度较快，每次迭代的计算量也不大，但是会牺牲一部分准确度，并且最终计算的结果并不一定是全局最优解。整个过程的实现相对较为复杂，迭代次数相对较多。同时，随机梯度下降法的随机性既导致有可能跳出局部最优解，也导致收敛的复杂化，即使训练已经达到最优，也会进行过度的优化。

（3）小批量梯度下降法。小批量梯度下降法综合了批量梯度下降法和随机梯度下降法，每次更新都是从训练集中随机选择m（$m<n$）个样本进行学习，收敛过程相对稳定可靠。

目前，梯度下降法是深度学习中最常用的优化算法，使用梯度下降法及其变体也面临一些问题，例如，选择正确的学习速率相对较为困难。太小的学习速率会导致收敛速度太慢，太大的学习速率会使学习过程处于一个不稳定的环境，导致结果缺乏稳定性。除此之外，不是所有的参数都有相同的学习速率，对于稀有特征，增加其学习速率更有利于训练。

6.3.3 改进方法

梯度下降法在实际工作中被广泛应用，但是在应用过程中也发现了各种问题，具体如下。

（1）学习速率难以选择。在表 6-4 所示的例子中，设置的学习速率为 0.1，它可大可小。

若设置过大，则导致在极值附近漂移，无法找到最合适的值；若设置过小，则导致收敛速度过慢。即使通过一些经验参数也难以保证每次训练都能达到较好的效果。理论上，如果能根据数据本身的特点进行自动调节则最好。

（2）对于一些非凸目标函数，容易陷入局部最优解，甚至陷入更难解决的鞍点问题。

局部最优解比较好理解，鞍点问题则相对难以解决，梯度下降法遇到鞍点时会误以为找到了极值点，从而停止迭代。图 6-6 所示的函数为 $x^2 - y^2$，显然(0,0)并不是函数的极值点，然而梯度却为 0。

为解决学习速率的自动调整及局部极值问题，针对梯度下降法可以用采取部分优化算法，常见的优化算法有动量法、AdaGrad 算法、RMSProp 算法和 Adam 算法等。

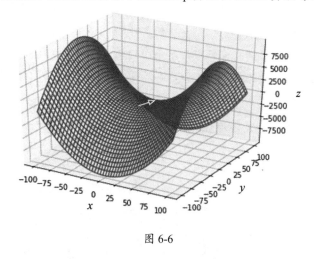

图 6-6

1. 动量法

动量法（Momentum）模拟的是物体运动过程中的惯性，在参数更新过程中，需要在一定时间内保持在原有方向上的趋势，但同时也会利用当前批量数据的训练情况对参数进行微调。若当前时刻的梯度与历史时刻的梯度方向相似，则这种趋势在当前时刻会加强；反之，则在当前时刻会减弱。

动量法的核心在于指数加权平均，定义如式（6-17）所示。

$$\Delta w_t = \mu w_{t-1} - \eta g_t \qquad (6\text{-}17)$$

其中μ为动量参数。从公式上看，在调整参数时，保持了一定的惯性，学习速率更快，且这种惯性对解决局部最优有一定帮助。μ值表示在多大程度上保持原有参数的更新方向，一般取值(0,1)，默认一般设为0.9，也可以在不同的训练状态中调整μ值的大小。例如，在训练初始阶段，梯度的变化相对较大，μ值可以选择较小的值；相反，到训练后期，可以选择较大的值。

2. AdaGrad 算法

AdaGrad 算法是一种自适应梯度算法。在很多情况下，梯度下降法对所有参数的更新基本都采用相同的更新速率，但这并不合适。例如，有些参数的更新范围应大一些，而有些参数仅仅需要微调。AdaGrad 算法就是解决此问题的，它为各个参数适配了不同的学习速率，定义如式（6-18）所示。

$$\Delta w_t = -\frac{\eta}{\sqrt{\sum_{k=1}^{t} g_k + \text{eps}}} g_t \tag{6-18}$$

其中，g_t 表示当前 t 时刻的梯度；η 是默认的学习速率；eps为非零常数。通过式（6-18）不难发现，对于每一个参数，随着更新距离之和的增加，其学习速率越来越小，这也符合在模型训练的初期，希望参数的变化更多、更快；而在模型训练的后期，希望参数变化得更慢且值更小。

3. RMSProp 算法

RMSProp（Root Mean Square Propagation）算法是一种自适应学习速率算法。RMSProp 算法介于 AdaGrad 算法和 AdaDelta 算法之间，通过增加衰减系数来控制早期信息对当前的影响，从而避免 AdaGrad 算法中学习速率趋于零的问题，定义如式（6-19）所示。

$$\Delta w_t = -\frac{g_t}{\sqrt{E|g_t^2| + \text{eps}}} \times \eta \tag{6-19}$$

其中，g_t 表示当前 t 时刻的梯度；η 是默认的学习速率；eps为非零常数。t 时刻的期望 $E|g_t^2|$ 可通过 $t-1$ 时刻的期望 $E|g_{t-1}^2|$ 和当前的梯度加权求和得到，计算公式如式（6-20）所示。

$$E|g_t^2| = \mu \times E|g_{t-1}^2| + (1-\mu) \times g_t^2 \tag{6-20}$$

其中μ为0到1之间的实数。

4. Adam 算法

Adam 算法利用梯度的一阶矩估计和二阶矩估计为各个参数适配不同的学习速率，定义如式（6-21）所示。

$$\Delta w_t = -\frac{\widehat{m_t}}{\sqrt{\widehat{n_t}} + \text{eps}} \times \eta \tag{6-21}$$

其中，$\widehat{m_t}$表示期望$E|g_t|$的无偏估计，$\widehat{n_t}$表示期望$E|g_t^2|$的无偏估计，g_t表示当前t时刻的梯度，η是默认的学习速率，eps为非零常数。$\widehat{m_t}$和$\widehat{n_t}$可通过式（6-22）和式（6-23）计算。

$$\widehat{m_t} = \frac{m_t}{1 - \mu^t} \tag{6-22}$$

$$\widehat{n_t} = \frac{n_t}{1 - v^t} \tag{6-23}$$

其中，m_t、n_t分别为g_t的一阶矩估计和二阶矩估计，μ和v均为0到1之间的实数。m_t和n_t可通过式（6-24）和式（6-25）求得。

$$m_t = \mu \times m_{t-1} + (1 - \mu) \times g_t \tag{6-24}$$

$$n_t = v \times n_{t-1} + (1 - v) \times g_t^2 \tag{6-25}$$

Adam算法通过梯度的矩估计动态调整了学习速率，同时将学习速率限制在明确的范围内，使得参数变化较为平稳。Adam算法结合了AdaGrad算法和RMSProp算法的特点，适用于稀疏梯度，以及非平稳目标的场景。

值得说明的是，学习速率与训练步骤、批处理大小和优化算法有耦合关系，因而建议优先使用自适应学习速率算法，因为它们会自动更新学习速率。在使用梯度下降法时，必须手动选择学习速率和动量参数，通常会随着时间的推移而降低学习速率。在实践中，自适应优化器倾向于比标准梯度下降法更快地收敛，然而，它们的最终表现通常稍差。

一般来说，高性能训练的较好方法是从Adam算法切换到标准梯度下降法。在训练的早期阶段，梯度下降法对参数调整和初始化非常敏感，因此可以使用Adam算法进行最初的训练。这样不仅节约时间，且不必担心初始化和参数调整。当Adam算法运行一段时间之后，可以切换到标准梯度下降法与动量法相结合的方式进行优化，以达到最佳性能。当然，对于稀疏数据，尽量使用自适应学习速率算法。

6.4 基于牛顿法的目标求解

除前面介绍的梯度下降法外,牛顿法是机器学习中用得较多的一种优化算法,也被称作牛顿迭代法。它是牛顿在 17 世纪提出的一种在实数域和复数域上近似求解方程的方法,一般用于求方程的解和最优化问题。

6.4.1 基本原理

在一元二次方程中,通常可以通过求根公式获得方程的解。但是在大部分场景中,多数方程不存在求根公式,所以求精确根非常困难,因而寻找方程的近似根就显得特别重要,牛顿法是处理这类方程的算法之一。

梯度下降法和牛顿法是常用的两种凸函数求极值的算法,都是通过不断迭代的方式求得目标函数的近似解。两者的不同点在于,梯度下降法采用梯度的变化求解,而牛顿法采用海森矩阵的逆矩阵求解,因此相对而言,牛顿法的迭代次数更少,但是每次的迭代时间比梯度下降法要长。

在如图 6-7 所示的求解图中,A 线为牛顿法对问题的求解过程,B 线为梯度下降法的求解过程,牛顿法可以更快地到达目标点。

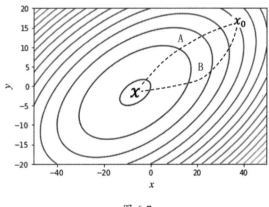

图 6-7

梯度下降法是一阶收敛,而牛顿法是二阶收敛。梯度下降法的下降方式是基于梯度最大方向前进的,但是对于牛顿法而言,不仅要考虑梯度的大小,还要考虑梯度的趋势。

6.4.2 牛顿法的计算步骤

牛顿法的计算步骤大致如下。

第一步，选择一个接近函数$f(x)$的零点x_0，并计算x_0处的$f(x_0)$及切线斜率$f'(x_0)$。

第二步，计算穿过点$(x_0, f(x_0))$且斜率为$f'(x_0)$的直线，并计算该直线与x轴的交点坐标，即求方程：$0 = (x - x_0) \times f'(x_0) + f(x_0)$的解，假定求得的解为$x_1$。

第三步，按照上述过程继续迭代方程$0 = (x_2 - x_1) \times f'(x_1) + f(x_1)$，每一次迭代的方式可以转变为$x_n = x_{n-1} - \frac{f(x_{n-1})}{f'(x_{n-1})}$，当然，$f'(x)$不能等于0。

第四步，持续按照上述公式迭代，x_n将不断趋近于方程$f(x)$的极值点。

牛顿法的计算公式和泰勒展开式有一定的相关性，泰勒展开式也是一种计算近似值的方法，针对函数$f(x)$在x_0的某邻域内展开成泰勒级数，如式（6-26）所示。

$$f(x) = f(x_0) + f'(x_0)(x - x_0) + \frac{f''(x_0)(x - x_0)^2}{2!} + \cdots$$
$$= \sum_{n=0}^{\infty} \frac{f^{(n)}(x_0)}{n!} = (x - x_0)^2 \tag{6-26}$$

进一步可以得到式（6-27）。

$$x = x_0 - \frac{f(x_0)}{f'(x_0)} \tag{6-27}$$

通过反复迭代，可以得到式（6-28）。

$$x_n = x_{n-1} - \frac{f(x_{n-1})}{f'(x_{n-1})} \tag{6-28}$$

针对牛顿法的迭代计算求解，例如，求方程$x + x^3 + 1 = 0$的根，变换等式即为$-1 = x + x^3$，因此可以估计x在$[-1, 0]$区间。同时，令$f(x) = x^3 + x + 1$，求得$f'(x) = 3x^2 + x$。设定$x_0 = -0.1$，则通过牛顿法求解方程的过程示例如表6-5所示。

表6-5

迭代	当前x的初始位置	调整公式	调整完毕之后的x值
1	$x_0 = -0.1$	$x_1 = x_0 - \frac{f(x_0)}{f'(x_0)}$	$x_1 = -0.973$

续表

迭 代	当前x的初始位置	调整公式	调整完毕之后的x值
2	$x_1 = -0.973$	$x_2 = x_1 - \dfrac{f(x_1)}{f'(x_1)}$	$x_2 = -0.740$
3	$x_2 = -0.740$	$x_3 = x_2 - \dfrac{f(x_2)}{f'(x_2)}$	$x_3 = -0.685$
4	$x_3 = -0.685$	$x_4 = x_3 - \dfrac{f(x_3)}{f'(x_3)}$	$x_4 = -0.682$
…	…	…	…

通过 4 次迭代，x_4 约为-0.682，通过表 6-5 也可以看出，x_n 的变化趋势是不断接近极值的真实值。

理论上，牛顿法几乎可以解决所有限制。例如，在迭代过程中 x_0 的选择是比较难确定的，甚至过多的依赖于经验，倘若选定的初值 x_0 离方程的解太远，则可能得不到收敛结果；同时，牛顿法的计算量也相对较大。

需要特别说明的是，对于梯度下降法、牛顿法或其他迭代算法等，都需要定义三方面的信息。

首先，需要确定迭代的变量，应当至少存在一个变量是由变量的旧值推断其新值的。

其次，建立变量的迭代关系，例如牛顿法的 $x_n = x_{n-1} - \dfrac{f(x_{n-1})}{f'(x_{n-1})}$ 就是其迭代关系，迭代关系是解决问题的关键。

最后，是对迭代关系的控制，包括条件终止、迭代限制等。

在牛顿法的基础上，还有拟牛顿法、共轭梯度法、启发式优化算法等。拟牛顿法是以牛顿法为基础，求解非线性方程组或连续的最优化问题函数的零点或极大值、极小值的算法。当牛顿法中需要计算的雅可比矩阵或 Hessian 矩阵难以计算甚至无法计算时，可以使用拟牛顿法。

在实际应用场景中设计目标函数时，常常需要对多个目标同时进行设计，并且对这些目标函数同时进行优化，即在同一问题模型中同时存在多个非线性目标，而这些目标函数需要同时进行优化处理，并且这些目标往往是互相冲突的，这类问题也被称作多目标优化问题。

6.5 小结

本章介绍了目标函数的部分理论和设计原则，也介绍了常见的一般损失函数，以及在图像分类、目标检测、对比场景等不同场景中的目标函数设计，最后介绍了梯度下降法以及牛顿法的目标求解。目标函数设计是算法设计中非常重要的部分，不仅需要理论基础，还需要对应用的场景和业务有充分的理解，能够根据不同的业务场景设计不同的目标函数，并且能够从算法理论基础的角度分析目标函数的合理性。

参考文献

[1] 刘俊旭,孟小峰. 机器学习的隐私保护研究综述[J]. 计算机研究与发展, 2020, 57(02): 346-362.

[2] 杜晨, 杜煜, 杨硕, 等. 基于机器学习的目标跟踪算法的研究综述[C]// 中国计算机用户协会网络应用分会2017年第二十一届网络新技术与应用年会, 2017.

[3] 李玉刚. 卷积神经网络的多标签学习研究[J]. 有线电视技术,2018(01):79-81.

[4] 任进军, 王宁. 人工神经网络中损失函数的研究[J]. 甘肃高师学报,2018,23(02):61-63.

[5] 周非, 李阳, 范馨月. 图像分类卷积神经网络的反馈损失计算方法改进[J]. 小型微型计算机系统,2019,40(07):1532-1537.

[6] 刘其开. 基于半监督生成对抗网络的图像分类[D]. 北京：中国矿业大学,2018.

[7] 吕铄, 蔡烜, 冯瑞. 基于改进损失函数的YOLOv3网络[J]. 计算机系统应用,2019,28(02):1-7.

[8] 刘毅. 复杂场景下的视觉显著目标检测方法研究[D]. 哈尔滨：哈尔滨工业大学,2018.

[9] 范肖肖. 基于视觉注意机制的目标检测算法的研究[D]. 成都：电子科技大学,2015.

[10] LIN T Y , GOYAL P , GIRSHICK R , et al. Focal Loss for Dense Object Detection[J]. IEEE Transactions on Pattern Analysis & Machine Intelligence, 2017, PP(99):2999-3007.

[11] SUDRE C H , LI W , VERCAUTEREN T , et al. Generalised Dice overlap as a deep learning loss function for highly unbalanced segmentations[J]. arXiv:1707.03237 ,2017.

[12] LI N, ZHOU Y, JIANG Z, et al. Center contrastive loss regularized CNN for tracking[C]. //2017 IEEE International Conference on Multimedia & Expo Workshops (ICMEW). IEEE, 2017: 543-548.

[13] CHENG D, GONG Y, ZHOU S, et al. Person re-identification by multi-channel parts-based cnn with improved triplet loss function[C]. //Proceedings of the iEEE conference on computer vision

and pattern recognition,2016: 1335-1344.

[14] SARFRAZ M S, STIEFELHAGEN R. Deep perceptual mapping for thermal to visible face recognition[J]. arXiv preprint arXiv:1507.02879, 2015.

[15] 孙娅楠. 梯度下降法在机器学习中的应用[D]. 成都：西南交通大学,2018.

[16] 李董辉, 童小娇, 万中. 数值最优化算法与理论[M]. 北京：科学出版社, 2010.

[17] DUCHI J , HAZAN E , SINGER Y . Adaptive Subgradient Methods for Online Learning and Stochastic Optimization[J]. Journal of Machine Learning Research, 2011, 12(7):257-269.

[18] ZEILER M D. ADADELTA: an adaptive learning rate method. arXiv[J]. arXiv:1212.5701, 2012.

[19] KINGMA D P, BA J. Adam: A method for stochastic optimization[J]. arXiv:1412.6980, 2014.

[20] DEB K. Multi-objective Optimization Using Evolutionary Algorithms. Chichester: John Wiley&Sons, 2001.

[21] 公茂果, 焦李成, 杨咚咚, 等. 进化多目标优化算法研究[J]. 软件学报, 2009, 20(2): 271-289.

[22] SCHROFF F, KALENICHENKO D, PHILBIN J. Facenet: A unified embedding for face recognition and clustering[C]. //Proceedings of the IEEE conference on computer vision and pattern recognition,2015: 815-823.

[23] MISHKIN D, MATAS J. All you need is a good init[J]. arXiv:1511.06422, 2015.

[24] HE K , ZHANG X , REN S , et al. Delving Deep into Rectifiers: Surpassing Human-Level Performance on ImageNet Classification[J]. arXiv:1502.01852 ,2015.

[25] LIN M, CHEN Q, YAN S. Network in network[J]. arXiv:1312.4400, 2013.

第 7 章
模型训练过程设计

算法模型结构、目标函数是模型训练的前提,模型训练并不是简单的在 GPU 或 CPU 上进行训练。在训练之前和训练过程中也需要进行过程设计,良好的过程设计方法能够有效减少模型训练时间。

7.1 数据选择

7.1.1 数据集筛选

1. 前提条件

数据是机器学习的"血液","血液"的质量决定着模型的健康状态,因此在对数据进行筛选前,需要明确以下四方面问题。

(1)数据应当符合业务的方向。无论从何处获得的数据,都应当符合业务的方向。例如,不能通过一套房子阳台上的盆栽数量去预测该套房子的价格。数据符合业务的方向是应用的前提。

(2)拥有更充分的数据。充分的数据可以保证数据的供给,尤其在深度学习中,需要大量的数据。模型在小的数据集上很容易过拟合。如果条件允许,可以尝试扩充原始数据集。扩充的数据不一定都被用上,但是可以进行验证和二次分析。

(3)完成数据预处理。数据预处理应当提前完成,以避免在模型训练过程中对模型产生额外的影响,甚至导致模型训练异常。提前完成对异常值的处理和填充、补齐等,有助于开发者对数据的初步理解。

(4)数据具备初步的特征。数据特征包括特征的合理选择及合理分布。特征决定了能否达成模型设计的目标。通过一些特征选择方法可以筛选出某些特征,但是从感官上特征应当具备一定的"因果关系",特征的分布也应当具有"导向性"。

数据是算法能够达成业务目标的关键因素,因此需要提前对数据进行全面、客观的认知。

2. 标准数据集的划分

在机器学习过程中,数据集一般分为三种:训练集、验证集和测试集。训练集主要用于构建模型。验证集主要用于在模型构建过程中对模型进行检验和辅助模型的构建,可以根据模型在验证集上的效果,对模型进行适当调整。测试集只能在模型测试时使用,用于评估模型的实际有效性,但不能用在模型构建过程中。

当训练集与测试集存在交集时,发生过拟合的概率较大。数据集的划分如图7-1所示。

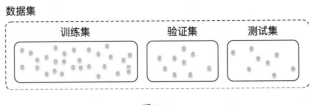

图 7-1

对于上述三者，一般采用 6∶2∶2 的比例进行分配。首先在训练集上对模型进行参数训练；然后在验证集上计算验证的误差，进而优化模型；最后在测试集上进行误差计算，估算泛化误差，保证模型的有效性。并不是所有的模型均需要验证集，它属于可选数据集。

可以用高考的例子形象地比喻三者之间的关系，训练集是平常做的各种试卷，通过做大量的试卷进行题海战术从而迎接高考。而高考的那次考试即为测试集，最终确定成绩。高考之前可能会有模拟考试，模拟考试则为验证集，通过模拟考试发现不足，继续适当修正。模拟考试是可选的，但是平时的练习与最终的高考是必选的。

一般情况下，机器学习模型会将数据集划分为两组：训练集与测试集。首先对训练集进行训练，然后用测试集对最终模型进行有效性测试。

7.1.2 难例挖掘

把数据分为训练集、验证集和测试集后，即可进行模型的基础训练了。为了获得更好的效果，在训练过程中需要对数据继续进行筛选。一般情况下，采用随机的方式组成不同的批数据，然后让模型训练。

随机的方式在简单模型或场景中比较有效，而且在每个迭代周期后都会尽量打乱数据，避免模型在相同的批数据上训练，这属于简单的数据筛选技巧。

但是在实际开发过程中，遇到的问题通常比上述问题要复杂。例如，在目标检测中，把训练的结果与 Groud Truth 进行 IoU 计算，倘若 IoU 大于某阈值，则认为是正样本；反之，则为负样本。然后把样本放入训练集，进行训练和迭代。随着训练的持续，会出现负样本与正样本比例失衡的问题，从而导致训练的结果达不到最佳。为了提高训练效率，可以通过难例挖掘的方式提取部分难样本。

难例挖掘是针对模型训练过程中导致损失值很大的一些样本（即那些使模型大概率分类错误的样本），进行重新训练。一般情况下，会维护一个错误分类样本池，把每批训练数据中出错率很大的样本放入该样本池中，当积累到批大小的数据以后，就把这些样本放回训练集重新训练。

同理,针对样本训练的不平衡,也可以采用类似的方法对难训练的样本进行训练。例如,一轮迭代结束之后,使用训练好的模型对样本进行一轮预测,将损失值最大的样本筛选出来作为训练的样本。如此循环,模型会更专注在差异性的特征中,使得模型的性能得到较好的提升。

难例挖掘最初源自图像领域,在图像目标检测和人脸识别中均有使用,它在机器学习各算法模型中均适用,为此还衍生出不同的自适应难例挖掘算法。从另一个角度而言,每一个批处理数据中总存在部分易分数据和难分数据,增加对难分数据的迭代次数,可提升模型对于难分数据的预测效果,从而使模型整体性能得到提升。

7.1.3 数据增强

进行数据增强操作的前提是数据量级不够或数据的特征不足。假设要进行一个计算机视觉模型的训练,但是当前的图片数量仅有数百张,而一般的深度学习模型需要成千上万张,甚至更多,此时就需要通过数据增强补充数据。

1. 基础思想

为获得更多的数据,可以使用移位、不同视角、不同照明等对图像进行变换,从而合成新的数据集。

即使在数据量充足的情况下,在判别式模型中,也可能需要使用数据增强。假定数据分为A、B两类,而判别式模型是分析两个类别的差异部分。如果数据中的特征分布并不均匀或者存在缺漏,则需要通过数据增强的方式补充相应数据。

数据增强不仅可以增加数据,还可以减少不相关特征的数据,阻止模型学习不相关的特征,从根本上提升整体性能。可以在两个环节中对数据进行常规增强,一种是线下增强,另外一种是线上增强。

(1)线下增强。线下增强是在训练之前,对数据集中的各个数据执行增强操作,实现数据的扩充。根据操作方式的不同,数据可能会成倍地增长。线下增强能够实现对特征维度的全面覆盖,但是由于数据量的大量增加可能导致特征被"稀释",因此应尽可能在小数据集中实现线下增强,且需要提前识别出需要增强的关键特征,否则训练效率会降低。

(2)线上增强。线上增强则是在训练过程中对批处理数据进行转换,当数据量级较大时更适合线上增强,倘若进行线下增强,则会导致数据呈爆炸式增长,进而导致计算内存不足。因此线上增强适合大数据集，一些机器学习框架支持线上增强，并通过 GPU 进行加速。

2．常见方法

在线下增强或线上增强时，可以采用翻转、旋转、缩放、裁剪、移位、高斯噪声等常规手段。从技术的角度，数据增强的常见方法可以分为有监督方式和无监督方式两种，如图 7-2 所示。

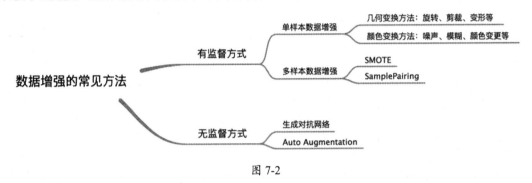

图 7-2

图 7-2 中的单样本数据增强是指增强一个样本时，仅以该样本为基础进行变换，不涉及其他样本，而多样本数据增强则是利用多个样本产生新的样本。图 7-2 中的各类方法介绍如下。

（1）几何变换方法。几何变换方法是指对图像进行几何变换，包括翻转、旋转、裁剪、变形、缩放等，这类操作仅会影响图像本身的视觉形态，可以更好地覆盖图像的形态特征。

（2）颜色变换方法。颜色变换方法则是对图像的内容进行改变，常见的包括噪声、模糊、颜色变更、擦除、填充等，虽然图像的原始特征发生了改变，但是不影响图像的整体视觉理解，对模型的抗干扰性有积极作用。

（3）SMOTE（Synthetic Minority Over-sampling Technique）方法基于"插值"为少数类合成新的样本，主要用来处理样本不平衡问题，提升模型性能。

（4）SamplePairing 方法则是从训练集中随机抽取两张图片，分别经过几何变换方法和颜色变换方法处理后，将像素以取平均值的形式叠加合成一个新的样本。

（5）生成对抗网络。通过学习现有数据集中的特征，实现特征在不同环境下的重新生成或组合，用生成的数据完成数据的补充增强。

（6）Auto Augmentation。这是 Google 提出的自动选择最优数据增强方案，基本思路是使用增强学习从数据本身寻找最佳图像变换策略，不同的学习任务应使用不同的增强方法。

有监督方式能够应对一般的数据增强问题，但是倘若需要对一个复杂场景进行增强，例如，对不同光照条件下且不同季节的动物进行分类，一方面，数据本身的采集比较困难，不仅要保证动物样本分布均匀，还要平衡不同光照条件和不同季节，显然通过传统的数据增强很难实现；另一方面，很难保证覆盖尽可能多的分类条件。

因此，可以采用基于深度学习的方式对数据增强，使用少量更有价值的数据生成新数据，生成对抗网络是其中一种技术手段。例如，通过季节的风格转换、相似场景生成等，实现对特征的转移和组合，使得数据得到增强。

数据增强的本质是从数据的角度增强模型的泛化能力，数据增强既没有减少数据的容量，也没有增加模型本身的计算复杂度和调参工作量，在实际应用中具有实践意义。

7.2 参数初始化

参数学习是基于梯度下降法进行优化的，需要在开始训练时给每一个参数赋一个初始值。这个初始值的选取十分关键。一般期望数据和参数的均值都为 0，输入和输出数据的方差一致。若权重初始化合理，不仅能够提升性能，还能加快训练速度。偏置一般设置为 0，建议把权重统一到一定区间内。

在实际应用中，参数服从高斯分布或者均匀分布都是比较有效的初始化方法。除此之外，初始化方法还包括全零初始化、随机初始化等。

7.2.1 避免全零初始化

参数的全零初始化是参数初始化中最简单的，但是全零初始化的弊端非常明显，一般情况下不建议采用，例如，对图 7-3 中的三层神经网络结构进行初始化。

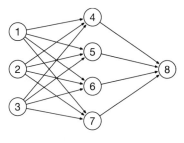

图 7-3

假设对图 7-3 中的各参数进行全零初始化，$w_{i,j}$ 表示节点 i 到节点 j 的权重，则所有的 w 均为 0，设 x_i 为输入节点 1、2、3 的值，y_i 为第 i 个节点的值，在神经网络的正向传播过程中，则节点 4、5、6、7 的值如下：

$$\begin{cases} y_4 = x_1 \times w_{1,4} + x_2 \times w_{2,4} + x_3 \times w_{3,4} \\ y_5 = x_1 \times w_{1,5} + x_2 \times w_{2,5} + x_3 \times w_{3,5} \\ y_6 = x_1 \times w_{1,6} + x_2 \times w_{2,6} + x_3 \times w_{3,6} \\ y_7 = x_1 \times w_{1,7} + x_2 \times w_{2,7} + x_3 \times w_{3,7} \end{cases}$$

因为权重 $w_{i,j} = 0$，所以 y_4、y_5、y_6、y_7 经计算之后的值也为 0。虽然通过激活函数的 $f(y_4)$、$f(y_5)$、$f(y_6)$、$f(y_7)$ 不一定为 0，但是因为 $w_{4,8}$、$w_{5,8}$、$w_{6,8}$、$w_{7,8}$ 为 0，所以 $y_8 = 0$。

若设定该神经网络的损失函数为均方差损失函数，则在神经网络的反向传播过程中，节点 8 到节点 4、5、6、7 的反向梯度改变是一样的，继续反向传播，梯度的改变依然是一样的，最终导致更新以后的 $w_{i,j}$ 依然是一致的。

通过上述过程可以发现，全零初始化会导致相邻两层之间的参数值相同，理论上是希望不同的神经元节点可以学习到不同的参数，使模型具备更好的拟合能力。但由于参数和输出值都相同，不同的神经元无法学习到不同的样本特征，进而导致模型性能变差，无法收敛。

7.2.2 随机初始化

1. Xavier 初始化

Xavier 初始化方法是由 Xavier Glorot 等人在 2010 年发表的论文 *Understanding the Difficulty of Training Deep Feedforward Neural Networks* 中提出的。Xavier 初始化方法可保证前向传播和反向传播时每层的方差一致，根据每层的输入个数和输出个数确定参数随机初始化的分布范围。

Xavier 初始化方法的参考公式如式（7-1）所示，其中，n_{in} 表示输入层参数，n_{out} 表示输出层参数。

$$W \sim U\left[-\frac{\sqrt{6}}{\sqrt{n_{\text{in}} + n_{\text{out}}}}, \frac{\sqrt{6}}{\sqrt{n_{\text{in}} + n_{\text{out}}}}\right] \quad (7\text{-}1)$$

Xavier 的使用特征为正向传播时，激活值的方差保持不变；为反向传播时，状态值的梯度方差保持不变。假设激活函数关于 0 对称，且主要针对全连接神经网络，适用于 Tanh 和 Softsign 激活函数。在一些深度学习框架（如 TensorFlow）中就包含了对 Xavier 初始化方法。

2. He 初始化

He 初始化是由何恺明等人在 2015 年发表的论文 *Delving Deep into Rectifiers: Surpassing Human-Level Performance on Image Net Classification* 中提出的，是一种适用 ReLU 函数的初始化方法。

He 初始化适用于 ReLU 函数的计算公式如式（7-2）所示。

$$W \sim U[0, \sqrt{\frac{2}{\hat{n}_i}}] \qquad (7\text{-}2)$$

He 初始化适用于 Leaky ReLU 函数的计算公式如式（7-3）所示。

$$W \sim U[0, \sqrt{\frac{2}{(1+a^2)\hat{n}_i}}] \qquad (7\text{-}3)$$

上述公式中，$\hat{n}_i = h_i \times w_i \times d_i$。其中，$h_i$ 和 w_i 分别代表卷积核的高和宽；d_i 为卷积核的个数。

7.3 拟合的验证与判断

常规的机器学习算法模型基本都是拟合现有数据，尤其是在有监督学习中，通过对数据的拟合，实现对特征的归纳，进而形成函数表达式或模型。但是随着数据的不断拟合，很容易出现过拟合现象，因此需要对拟合进行验证和判断，尤其是过拟合。

7.3.1 过拟合的模型参数

在统计学中，过拟合是指过于紧密或精确地匹配特定数据集，以致无法良好地拟合其他数据。过拟合模型指的是参数过多或者结构过于复杂的统计模型。与过拟合相对的是欠拟合，欠拟合则是数据还不能达到较好的拟合状态。在训练初期基本均处于欠拟合状态。

过拟合属于在已知数据上很精确但在新数据上不精确的情形。当发生过拟合时，模型的偏差小而方差大。过拟合的本质是训练算法从统计噪声中不自觉地获取了信息，并表达在了模型结构的参数当中。对训练的数据来说，一个模型只要结构足够复杂或参数足够多，总是可以完美地适应数据的。

在训练过程中，过拟合可以通过两种方式进行观测，一种是基于损失函数的观测，另一种是基于结果评测的曲线。

（1）基于损失函数的观测。主要是基于损失函数计算的损失值绘制曲线。训练时，随着迭代次数的增加，训练集上的误差损失会不断地变小；但是在验证集上，随着迭代次数的增加，误差损失是先下降后上升的。显然，当迭代次数很多时，模型就过拟合了，如图 7-4 所示。因此，在训练集和验证集上损失都比较小时（验证集拐点出现），就可以选择终止训练，选择当前的模型参数。

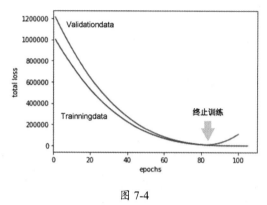

图 7-4

（2）基于结果评测的曲线。主要是基于在训练集和验证集上的错误率、正确率等曲线，观测验证集拐点的出现。如图 7-5 所示，基于正确率曲线来观测过拟合，在虚线往后的 epochs 计算中，基本属于过拟合状态。

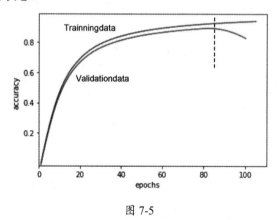

图 7-5

过拟合最显著的特点是在验证集上的效果很差，例如损失值偏高或正确率偏低。过拟合的复杂模型与简单模型相比，可移植性较差。同时，复杂模型只能在原始数据集上复现，这给模型的重用和理论研究的复现带来了困难。

7.3.2 不同算法场景中的欠拟合和过拟合

针对不同的场景,过拟合和欠拟合的表现形式不太一致,为了更好地理解过拟合与欠拟合,可参考表 7-1 所示的不同场景中的欠拟合、正常拟合和过拟合示例。

表 7-1

	欠 拟 合	正 常 拟 合	过 拟 合
现象	训练集和验证集误差都较大	训练集误差略低于验证集误差	(1) 训练集误差极低 (2) 训练集误差远低于验证集误差
回归场景			
分类场景			
改进措施	(1) 增加模型复杂度,提高拟合能力 (2) 添加更多特征 (3) 持续训练更长时间		(1) 实施正则化 (2) 获得更多数据

不同场景的欠拟合线性不一定一致,但能够确定的是,欠拟合时效果都比较差。而过拟合在验证集上的效果都不太好,但是过拟合也并非一无是处,过拟合可以帮助模型设计者进行初步的模型设计。

在小数据集上很容易发生过拟合现象,而在模型设计阶段,常常会涉及模型的选型问题,甚至不知道模型是否能适应数据的特征。因此在模型设计阶段,可以基于小数据集进行快速尝试和试错。首先用不同的抽样方法对数据集进行抽样,然后在抽样的子数据集上进行过拟合验证。如果出现过拟合现象,则可以推断当前选择的模型收敛的可能性较高;如果没有出现过拟合现象,则应当考虑其他模型。

7.4 学习速率的选择

7.4.1 学习速率的一般观测方法

在梯度下降法的计算过程中，学习速率对模型的效果有一定影响。虽然各类梯度下降法的优化算法可以辅助设置学习速率，但是对于模型的设计者来说，依然需要很清晰地了解学习速率的情况。

一般来说，可以根据迭代过程中损失函数值的变化初步观测学习速率的设置情况，如图 7-6 所示。

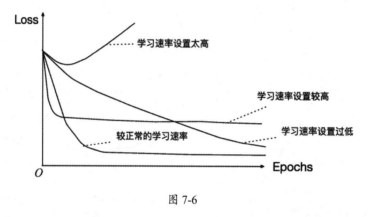

图 7-6

另外，学习速率与模型的迭代次数存在必然的联系，不同的学习速率对逼近目标值的效果如图 7-7 所示。

从图 7-7 可以看出，较大的学习速率可能会使模型错过最佳点，然后通过逐步震荡，才能再次逼近目标值；较小的学习速率会使模型的收敛速度过慢；而选择合适的学习速率则可以很好地逼近目标值。

在实际训练过程中，首先通过较大的学习速率对模型进行训练，观测模型的收敛情况；然后通过较小的学习速率对模型进行训练，观测模型的收敛情况；最终选择一个初步的学习速率，之后尝试使用各种目标优化算法进行训练。

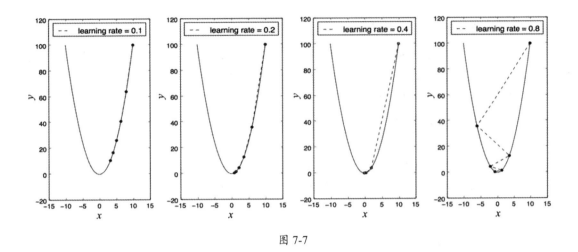

图 7-7

7.4.2 学习速率与批处理大小的关系

学习速率与批处理大小有一定的关系。一般来说，越大的批处理使用越大的学习速率。原理很容易理解，当使用较大的批处理时，意味着收敛方向的梯度也较大，因而应选择较大的学习速率以适应梯度。

7.5 迁移学习

迁移学习是机器学习中正在被积极使用的方法，也是学术界和工业界都试图突破的领域。它专注于基于已有问题的解决模型，并将其利用在其他不同但相关问题上。例如，对已经具备植物识别的模型，通过迁移学习的方式，在动物识别中也能应用，这属于常规认识，也符合人的认知。理论上，会骑摩托车的人，在学习骑自行车或者骑电动自行车时应当是更容易的。

7.5.1 概念与基本方法

一般来说，会假设训练数据和测试数据来自同一个领域，即处于同一个特征空间，服从同样的数据分布。然而在实际应用中，测试数据与训练数据可能来自不同的领域，如边际分布不同或特征空间不同。严格意义上讲，迁移学习并不是一种类似于神经网络或支持向量机的技术，而是一种思想和方法，让模型可以通过已有的标记数据向未标记数据迁移，从而训练出适用于目标领域的模型。

迁移学习的基本方法可以分为基于实例的迁移学习、基于特征表示的迁移学习、基于参数的迁移学习和基于知识关系的迁移学习等。

（1）基于实例的迁移学习。在源域中找到与目标域相似的数据，并对这些数据的权重进行调整，使得新的数据与目标域的数据相匹配。然后进行训练，得到适用于目标域的模型。基于实例的迁移学习的优点是方法简单，实现容易，缺点是权值的选择与相似度的度量十分依赖经验，且源域与目标域的数据分布往往不同。

（2）基于特征表示的迁移学习。当源域和目标域含有共同的交叉特征时，则可以通过特征变换，将源域和目标域的特征变换到相同空间，使得该空间中源域数据与目标域数据具有相同的数据分布，然后应用机器学习算法进行计算。此方法的优点是效果较好，但是缺点也非常明显，即求解困难且容易发生过于适配的情况。

（3）基于参数的迁移学习。源域和目标域共享模型参数，即将之前在源域中通过大量数据训练好的模型应用到目标域上进行预测。基于参数的迁移学习方法比较直接，此种方法的优点是可以充分利用模型之间存在的相似性，然而在实际应用中会发现模型不易收敛。fine-tuning是比较典型的基于参数的迁移学习。

（4）基于知识关系的迁移学习。当两个域相似时，它们之间会共享某种相似关系，将源域中学习到的逻辑网络关系应用到目标域上进行迁移，比如，生物病毒传播规律到计算机病毒传播规律的迁移。基于知识关系的迁移学习目前还处于研究中，相关实践内容相对较少。

7.5.2 应用示例：基于 VGG-16 的迁移思路

迁移学习可以视为一种模型训练的技巧方法，将在源任务模型中学习到的知识迁移到目标任务上。在图像分类领域中，比较经典的是 VGG-16，其完整结构如图 7-8 所示。

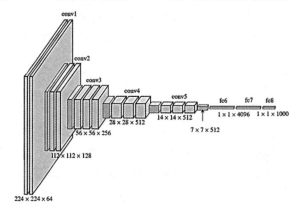

图 7-8

VGG 是视觉领域竞赛 ILSVRC 中的经典模型,在 ImageNet 上的错误率仅为 7.3%。VGG 的输入为 244×224×3 的图像数据,经过一系列的卷积神经网络和池化网络处理之后,输出 4096 维的特征数值(图 7-8 中的 fc6),然后再通过全连接神经网络的处理,最终经过 Softmax 函数得到规范的图像分类结果。

VGG-16 在 ImageNet 的数据集上已经产生了具备识别 1000 个图像类别的模型,假设需要将现有的图形分类能力迁移到交通工具的图像分类识别中,则迁移思路如下:

首先,利用已有的 VGG 模型获取图片的特征。此部分特征是 VGG-16 通过训练获取的能够代表该图片主要特征的 4096 维特征数值。

然后,将获得的 4096 维特征数值作为另一个模型的输入,去训练一个新的模型。

最后,用新模型和 VGG-16 模型识别 4096 维特征数值属于何种交通工具。

迁移学习是目前比较热门的研究领域,很多迁移学习的研究成果都可用于情感分类、图像分类、自然语言处理、文本翻译等场景。迁移学习能够复用现有的知识领域数据,使已有的大量工作不被完全丢弃;同时不需要花费巨大的代价去重新采集和标注大量的数据集,因为有些数据根本无法收集或标注难度非常大。

值得说明的是,从商业化应用的角度来看,对于新领域,若能够快速实现模型的迁移和应用,则对于占领市场有先发制人的作用。

7.6 分布式训练

由于目前机器学习处理的问题都较为复杂,而且依赖的数据量也较大,所以可以通过分布式训练体系模型来提高效率。倘若一个模型的训练周期超过 1 天,则整体的研发效率会受到较大影响。如果数据出现异常或需要迭代开发模型,则训练调参的时间会变得更长。因此需要通过并行的方式对模型进行训练。

比较常见的并行训练方式有数据并行和模型并行两种,它们均是采用多机替代单机的方式来提高计算性能的。

7.6.1 数据并行

数据并行是把数据分发给不同的工作服务器(或进程),所有工作服务器对分到的数据进行梯度计算,并将各自计算的梯度发送给参数服务器。参数服务器会对参数进行更新计算,并将更新的内容发送给各个工作服务器，使得工作服务器完成更新。数据并行的模型训练方式如图 7-9 所示。

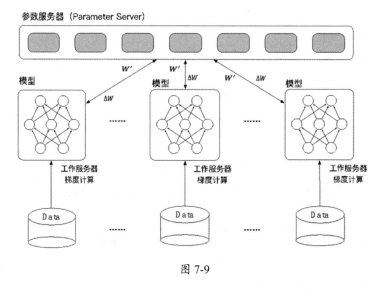

图 7-9

从图 7-9 可知，在不同的工作服务器上用的是同一个模型，只是处理的数据不同，因此被称作数据并行。

参数的更新可以分为同步更新和异步更新两种。

（1）同步更新。同步更新是对每一次迭代的结果都完成工作服务器的更新。当每台工作服务器计算完一个批处理数据的梯度后，对每一个参数就会生成一个 128 维的列向量，每一维代表一个根据数据计算出的梯度，参数量为 n，工作服务器一次迭代会生成一个 $128 \times n$ 的矩阵，然后工作服务器把这个矩阵传递给参数服务器。当所有的工作服务器把梯度矩阵都传过来后，参数服务器对每个参数的梯度值求均值，并将均值代入梯度更新的公式更新参数。更新完参数后再把新的参数值传给每台工作服务器，每台工作服务器再根据新的参数值继续计算梯度。

按照上述过程，不断地同步传递和更新，即可完成同步的数据并行。同步更新的优点是模型的收敛比较平稳，因为这种方式使用了较大的批处理数据，批处理数据越大，这个批梯度下降的效果就越接近整体梯度下降。但同步更新也存在缺点，即整个过程信息传输开销较大，容易出现异常，尤其是当某台工作服务器较慢时，效率会降低。因此，在实际应用中，可以对参数服务器进行设置，例如，当 80%的工作服务器梯度传递到参数服务器之后，参数服务器就可以进行更新操作，而不必等待所有的工作服务器都计算完毕。

（2）异步更新。异步更新是在每一次迭代过程中，每台工作服务器计算好每个参数的梯度后，把梯度矩阵传递给参数服务器；参数服务器在接收其中任意一台工作服务器的梯度矩阵后，就立即更新参数，并将更新后的参数分发给工作服务器；接着工作服务器再根据新的参数计算梯度。由于参数服务器每收到任意一台工作服务器的梯度矩阵之后都会更新参数，所以可能会产生过期梯度问题。

异步更新每次更新参数的速度要比同步更新快，因为异步更新时不需要等待最慢的工作服务器传递梯度，但是更新速度快并不意味着收敛也快，也不意味着收敛时的精确度高。

7.6.2 模型并行

当设计的模型过大时，单机的内存已经无法支撑模型的运行，此时可以考虑对模型进行并行训练。例如，在经典的编码、解码模型中，可以在一台工作服务器（或 GPU 显卡）运行编码工作，在另外一台工作服务器运行解码工作。模型并行的训练结构如图 7-10 所示。

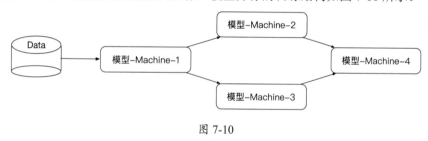

图 7-10

工作服务器之间（或多显卡之间）分别计算各自负责的模型部分，然后各个工作服务器负责本地局部模型的参数更新。AlexNet 是最早使用模型并行化的模型之一，其方法是将模型分摊到 2 个 GPU 上，以便模型能放入内存中。

对具有变量可分性的线性模型和变量相关性很强的神经网络来说，模型并行的方式有所不同。例如，在线性模型中，主要依据参数进行划分；而在神经网络中，则包含对层次进行划分、跨层划分或者随机划分等形式。

因为同一个迭代内的参数之间有强依赖关系（比如深度神经网络的不同层之间的参数依照向后传播算法形成的先后依赖），无法像数据并行那样直接将模型参数分片，所以模型并行不仅要对模型分片，同时需要用调度器控制参数间的依赖关系。而不同模型的依赖关系往往不同，所以模型并行的调度器因模型而异，较难做到完全通用。

7.7 小结

本章介绍了模型训练过程中的若干关键环节,首先是数据选择,在数据层面要做到数据是可靠的。然后是模型的参数初始化,应当避免全零初始化。若初始化合理,则训练周期会变短。接着介绍了模型拟合的验证和判断,通过观察训练过程中的曲线判断是否发生过拟合现象。最后介绍了迁移学习和分布式训练,它们可减少模型的调参时间,缩短训练周期。此外,一个合理的模型训练过程还会减少算法人员在上面投入的时间。

参考文献

[1] 李健伟, 曲长文, 彭书娟, 等. 基于生成对抗网络和线上难例挖掘的 SAR 图像舰船目标检测[J]. 电子与信息学报, 2019,41(01):143-149.

[2] 高友文, 周本君, 胡晓飞. 基于数据增强的卷积神经网络图像识别研究[J]. 计算机技术与发展, 2018,28(08):62-65.

[3] 袁功霖, 侯静, 尹奎英. 基于迁移学习与图像增强的夜间航拍车辆识别方法[J]. 计算机辅助设计与图形学学报, 2019, 31(03): 467-473.

[4] LIN C , GUO M , LI C , et al. Online Hyper-parameter Learning for Auto-Augmentation Strategy[J].Computing Research Repository, 2019.

[5] WANG Q , ZHOU X , WANG C , et al. WGAN-based Synthetic Minority Over-sampling Technique: Improving Semantic Fine-grained Classification for Lung Nodules in CT Images[J]. IEEE Access, 2019:1-1.

[6] 陈文兵, 管正雄, 陈允杰. 基于条件生成式对抗网络的数据增强方法[J]. 计算机应用, 2018,38(11):3305-3311.

[7] 欧阳熹. 用于行人检测数据增强的生成对抗网络[D]. 武汉:华中科技大学, 2018.

[8] 赵学智, 邹春华, 陈统坚, 等. 小波神经网络的参数初始化研究[J]. 华南理工大学学报 (自然科学版), 2003(02):77-79+84.

[9] 冯再勇. 一种值得推广的神经网络参数初始化方法[J]. 陕西科技大学学报(自然科学版),2008,26(06):124-127.

[10] 周佳俊,欧智坚.深层神经网络预训练的改进初始化方法[J].电讯技术,2013,53(07):895-898.

[11] 李俭川,秦国军,温熙森,胡茑庆.神经网络学习算法的过拟合问题及解决方法[J].振动、测试与诊断,2002(04):16-20+76.

[12] 刘丹枫,刘建霞.面向深度学习过拟合问题的神经网络模型[J].湘潭大学自然科学学报,2018,40(02):96-99.

[13] 曲昭伟,赵燕娇,王晓茹.基于样本过滤和迁移学习的多领域情感分类模型[J].中国科学技术大学学报,2019,49(01):8-14.

[14] 季鼎承,蒋亦樟,王士同.基于域与样例平衡的多源迁移学习方法[J].电子学报,2019,47(03):692-699.

[15] 刘桂峰,赵志刚,王福驰,等.一种改进的多源域多视角学习算法[J].青岛大学学报(自然科学版),2015,28(04):38-43.

[16] 代伟,李德鹏,杨春雨,等.一种随机配置网络的模型与数据混合并行学习方法[J].自动化学报,2019,45.

[17] 黄文强.深度学习框架Tensorflow的数据并行优化调度研究[D].成都:电子科技大学,2019.

[18] 张尉东,崔唱,等.多步前进同步并行模型[J].软件学报,2019,30(12):3622-3636.

[19] 王俊,程显生,王寿东.基于机器学习的数据库小数据集并行集成方法[J].科学技术与工程,2019,19(16):239-244.

[20] SIMONYAN K, ZISSERMAN A. Very deep convolutional networks for large-scale image recognition[J]. arXiv preprint arXiv:1409.1556, 2014.

[21] ZHANG X, ZOU J, HE K, et al. Accelerating very deep convolutional networks for classification and detection[J]. IEEE transactions on pattern analysis and machine intelligence, 2015, 38(10): 1943-1955.

第 8 章
模型效果的评估与验证

　　任何算法都有其评价的标准,时间复杂度和空间复杂度是算法对性能的评价标准,但是还需要对算法的效果进行评估,例如计算结果或预测结果是否符合预期、能否满足需求等。评估指标的设计也应与业务场景相结合,设计的算法技术指标应当与业务指标呈正向的关系。

8.1 模型效果评估的一般性指标

8.1.1 分类算法的效果评估

在机器学习算法领域，使用最为广泛且被大众所熟知的评估指标是正确率（Accuracy）、精确率（Precision）和召回率（Recall），基于正确率、精确率和召回率的模型更容易被大众理解和接受，也是最容易进行验证的。以分类问题为例，通过混淆矩阵表述精确率、召回率的示例如表 8-1 所示。

表 8-1

预测值		真实值	
		正 例	负 例
	True	TP	TN
	False	FP	FN

假设某个分类器的目标有且仅有两类，分别是正例和负例，则数据样本中可能存在 TP（True Positives）、FP（False Positives）、FN（False Negatives）、TN（True Negatives）四种状态。

（1）TP 表示被正确分类为正例的个数，即被分类器划分为正例且实际上也是正例的个数，也被称作真阳性。

（2）FP 表示被错误分类为正例的个数，即被分类器划分为正例但实际上是负例的个数，也被称作假阳性。

（3）FN 表示被错误分类为负例的个数，即被分类器划分为负例但实际上是正例的个数，也被称作假阴性。

（4）TN 表示被正确分类为负例的个数，即被分类器划分为负例且实际上也是负例的个数，也被称作真阴性。

根据上述四种描述，则所有的正例样本数 $P = TP + FN$，所有的负例样本数 $N = FP + TN$，各类指标的定义和描述如表 8-2 所示。

表 8-2

指标	公式	描述
正确率	Accuracy = (TP + TN)/(P + N)	即被准确识别为正例和负例的个数与总的样本数量的比，可以理解为达到期望的结果数量与总数的比
精确率	Precision = TP/(TP + FP)	所有识别为正例的个数中真正属于正例的数量比，可以理解为正例的识别正确率
召回率	Recall = TP/(TP + FN)	召回率是对算法覆盖面的度量，即所有正例样本中，被识别为正例的比率
F1 值	$F1 = \dfrac{1}{\lambda \times \dfrac{1}{\text{Precision}} + (1-\lambda) \times \dfrac{1}{\text{Recall}}}$	可以认为是精确率和召回率的调和平均值，调和平均值强调较小数值的重要性，对小数值比较敏感

1. 宏平均、微平均

精确率、召回率和 F1 值等是分类算法中较为常用的方法，除此之外，还衍生出了其他用于分类算法的衡量指标，如宏平均（Macro-averaging）、微平均（Micro-averaging）等。

宏平均是对混淆矩阵中计算的精确率、召回率和 F1 值进行了平均化处理，计算微精确率、微召回率、微 F1 值的公式如式（8-1）、式（8-2）和式（8-3）所示。

$$\text{macro} - P = \frac{1}{n}\sum_{i=0}^{n} P_i \tag{8-1}$$

$$\text{macro} - R = \frac{1}{n}\sum_{i=0}^{n} R_i \tag{8-2}$$

$$\text{macro} - F1 = \frac{1}{\lambda \times \dfrac{1}{\text{macro} - P} + (1-\lambda) \times \dfrac{1}{\text{macro} - R}} \tag{8-3}$$

而对于微平均则是先将各混淆矩阵的对应元素进行平均，得到 TP、FP、TN、FN 的平均值，再基于这些平均值计算出微精确率、微召回率，如式（8-4）和式（8-5）所示，微 F1 值的计算公式则不变。

$$\text{macro} - P = \frac{\sum_{i=1}^{n} \text{TP}_i}{\sum_{i=1}^{n} \text{TP}_i + \sum_{i=1}^{n} \text{FP}_i} \tag{8-4}$$

$$\text{macro} - R = \frac{\sum_{i=1}^{n} \text{TP}_i}{\sum_{i=1}^{n} \text{TP}_i + \sum_{i=1}^{n} \text{FN}_i} \tag{8-5}$$

2. ROC/AUC

ROC 空间将伪阳性率（FPR）定义为 x 轴，真阳性率（TPR）定义为 y 轴。TPR 表示在所有实际为阳性的样本中，被正确地判断为阳性的比率，即 TPR = TP/(TP + FN)；FPR 表示在所有实际为阴性的样本中，被错误地判断为阳性的比率，即 FPR = FP/(FP + TN)。ROC 空间如图 8-1 所示。

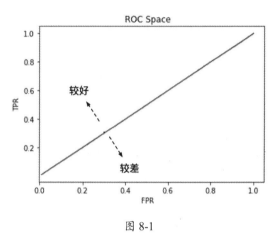

图 8-1

从 (0,0) 到 (1,1) 的对角线将 ROC 空间划分为左上、右下两个区域。在这条线以上的点代表了一个较好的分类结果，而在这条线以下的点代表了较差的分类结果，中间的直线代表了随机分类的效果，因此 TPR 越高表示效果越好，FPR 越高表示效果越差，左上表示优于随机分类效果，右下表示低于随机分类效果。

ROC 曲线建立在 ROC 空间基础之上，是通过对分类结果进行分析而得到的。例如对于 6 个二分类的样本，如表 8-3 所示。其中分类概率越高则越趋近于类别 1，否则越趋近于类别 0。

表 8-3

	1	2	3	4	5	6
真实类别	0	0	0	1	1	1
分类概率	0.10	0.32	0.40	0.5	0.35	0.85

若采用不同的分类阈值作为划分正例和负例的标准，则通过 TPR 和 FPR 将各个点绘制到 ROC 空间中形成的 ROC 曲线如图 8-2 所示。

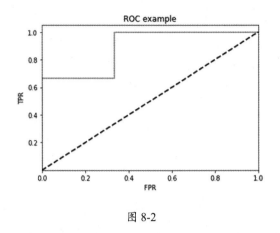

图 8-2

理想情况下，TPR 应该接近 1，FPR 应该接近 0。ROC 曲线上的每个点都对应一个阈值。对于一个分类器，每个阈值下会有一个 TPR 和 FPR。比如阈值最大时，TP=FP=0，对应于原点；阈值最小时，TN=FN=1，对应于右上角的点(1,1)。

如果给定的样本较多，则划分的阈值越小，绘制的 ROC 曲线越趋近于一条平滑的曲线，如图 8-3 所示。

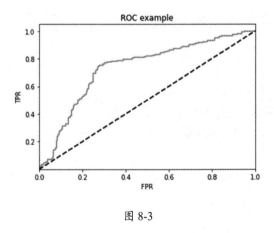

图 8-3

AUC（Area Under Curve）被定义为 ROC 曲线下的面积，考虑到 ROC 空间的最大面积为 1，而 ROC 曲线一般都处于 $y = x$ 直线的上方，因此 AUC 的取值范围基本都在(0.5,1)区间，类别分布不均匀时可能在(0,1)区间。AUC 的计算方式可以采用梯形法，即简单地把每个相邻的点以直线连接，计算连线下方的总面积。

ROC 曲线能够很好地可视化分类效果，但它并不能与横向的分类器效果进行比较，因此用

AUC 值作为评估标准，可以使算法进行横向比较。一般来说，AUC 值越大的分类器正确率越高。若随机抽取一个阳性样本和一个阴性样本，分类器正确判断正样本的值高于负样本的概率就是 AUC 值。基于均匀的样本分类，利用 AUC 值判断模型的方式如下所示。

（1）若AUC = 1，则是非常优秀的分类器，已经达到模型上限。采用这个预测模型时，存在至少一个阈值能得出完美预测。但在实际工作中，AUC 几乎不可能等于 1。

（2）若0.5 < AUC < 1，则表示模型效果较好，优于随机水平，也意味着模型具备实用性。

（3）若AUC ≈ 0.5，则模型本身的预测性能等同于随机水平，因此模型不具备实际使用价值，此时可能需要更换模型。

（4）若AUC < 0.5，则表示模型的预测性能比随机水平还差；但只要总是反预测而行，就优于随机水平。一般在出现这样的情况时，需要对模型的适用性进行重新设计。

在机器学习算法中，除上述常规效果评估指标外，还有错误率、鲁棒性、计算复杂度、模型描述的简洁度等指标。

（1）错误率。错误率与正确率相对，描述在信息处理过程中错误的比率。

（2）鲁棒性。鲁棒性是指在数据处理过程中，对缺失数据和异常数据的处理能力。一般来说，鲁棒性越高，该算法越智能。

（3）计算复杂度。计算复杂度依赖于具体的实现细节和硬件环境。在做数据分析时，由于操作对象是大量的数据集，因此空间复杂度和时间复杂度非常重要。

（4）模型描述的简洁度。一般来说，模型描述越简捷越受欢迎。例如，采用规则表示的分类器构造法更加有用。

之所以会有这么多的指标对机器学习算法进行衡量，是因为机器学习算法在社会发展的方方面面都会被用到，从而导致在不同场景下期望并不相同，所以需要采用不同的评估指标，引导结果向最初期望的方向发展。例如，错误率和正确率本身表达的含义虽然不同，但是实质表现的含义却一致。在高精度分析中（如航天工业），追求的是错误率极低；而在粗粒度分析（如天气预报）中，追求的则是正确率高。

8.1.2 聚类算法的效果评估

上一节介绍了分类算法的效果评估，但聚类算法不能完全按照分类算法的指标进行效果评估，从聚类算法本身出发，大致可以从类间距及类内距、兰德指数、标准互信息三方面对聚类算法进行度量。

1. 类间距及类内距

（1）紧密性。聚类算法的紧密性可以通过聚类簇之间的平均距离进行衡量，在只考虑聚类簇内部的情况下，聚类簇内部的平均距离是比较好的衡量方式。聚类簇的平均距离计算公式如式（8-6）所示，其中 c 表示聚类簇的中心。

$$d_{\text{internal}} = \frac{1}{k}\sum_{i=0}^{k}\|x_i - c\| \tag{8-6}$$

首先计算每一个点到中心点的距离并求均值，然后基于每一个聚类簇的平均距离，对 k 个聚类簇求平均，作为整体紧密度的度量，如式（8-7）所示。

$$\text{CP} = \frac{1}{k}\sum_{i=0}^{k}d_k \tag{8-7}$$

CP值越小说明聚类簇内部的紧密性越好，意味着聚类效果越好。

（2）间隔性。紧密性是衡量聚类簇内部的指标，而间隔性则是衡量聚类簇之间的指标。理论上聚类效果越好，聚类簇之间的距离相距越远，计算公式如式（8-8）所示。

$$\text{SP} = \frac{2}{k(k+1)}\sum_{i=0}^{k}\sum_{j\neq i}^{k}\|c_i - c_j\| \tag{8-8}$$

即通过计算 k 个聚类簇中心点的两两距离和中心点的平均距离情况，衡量整个聚类的分离度情况。

紧密性和间隔性是从算法本身的角度考虑的，在应用过程中也可以用类似于戴维森堡丁指数（Davies-Bouldin Index，DBI）以及邓恩指数（Dunn Validity Index，DVI）对聚类效果进行衡量。例如，戴维森堡丁指数是通过计算任意两类别的类内距离的平均距离之和除以两聚类中心距离的最大值，然后求平均，计算公式如式（8-9）所示。

$$\text{DBI} = \frac{1}{k}\sum_{i=1}^{k}\max_{i\neq j}\left(\frac{\bar{d}_i + \bar{d}_j}{\|c_i - c_j\|}\right) \tag{8-9}$$

其中 d 表示聚类内距离的平均距离，c 表示聚类中心点，戴维森堡丁指数对于常规的聚类能够进行较好的评估，指数值越小，则意味着类内距越小、类间距越大，但由于其使用欧氏距离作为距离计算的方式，因此对于环状的聚类评估效果较差。

邓恩指数计算的是任意两个聚类簇内的最短距离除以任意聚类簇间的最大距离，因此邓恩指数越大，意味着类间距越大、类内距越小。邓恩指数对离散点的聚类评估效果较好，对环状的聚类评估效果较差。

上述方法是对聚类结果的度量不存在任何样本的标签信息，但是倘若每个样本都有标签信息，则度量方式有所不同。例如，可以采用准确率对结果进行度量，每一个样本都有归属的标签信息，根据聚类情况，观测同一类的样本是否被划分到同一聚类簇中。

2．兰德指数

兰德指数（Rand Index，RI）是在有标签的情况下评估聚类质量的一种方式。假设有 n 个样本的集合 $S = \{o_1, o_2, o_3, \dots, o_n\}$，把这 n 个样本按照标准划分为 $U = \{u_1, u_2, u_3, \dots, u_R\}$，以及通过聚类算法得到的聚类结果 $V = \{v_1, v_2, v_3, \dots, v_C\}$，且满足 $U_{i=0}^{R} u_i = U_{j=0}^{C} v_j = S$、$u_i \cap u_{i'} = v_j \cap v_{j'} = \emptyset$，$1 \leqslant i \neq i' \leqslant R$，以及 $1 \leqslant j \neq j' \leqslant C$，即对这 n 个样本基于模型计算的聚类结果与基于标准的聚类结果进行对比。

考虑到是两个聚类结果，为了更好地通过兰德指数计算，可以将两类聚类结果的数据对比按照表 8-4 进行划分。

表 8-4

变 量	描 述
a	在 U 中为同一聚类簇，在 V 中也为同一聚类簇的对象对数
b	在 U 中为同一聚类簇，在 V 中为不同聚类簇的对象对数
c	在 U 中不为同一聚类簇，在 V 中为同一聚类簇的对象对数
d	在 U 中不为同一聚类簇，在 V 中也不为同一聚类簇的对象对数

即 a 和 d 表示的是模型聚类结果与标准聚类结果的相同部分，因此兰德指数的计算公式如式（8-10）所示。

$$\mathrm{RI} = \frac{a+d}{a+b+c+d} \tag{8-10}$$

由此可知，兰德指数的取值区间为 $[0,1]$，且指数值越高，说明聚类性能越好，在兰德指数的基础上还衍生出调整兰德指数。

3．标准互信息

兰德指数能度量聚类过程中的假阳性和假阴性结果的惩罚，而标准互信息（Normalized Mutual Information，NMI）则是从信息理论方面对聚类效果进行评估。两个随机变量的标准互信息或转移信息可度量变量间的相互依赖性。标准互信息并不局限于随机变量，它决定了联合分布 $p(X,Y)$ 和分解的边缘分布的乘积 $p(X)p(Y)$ 的相似程度。一般来说，两个离散随机变量 X 和 Y 的标准互信息的定义如式（8-11）所示。

$$\text{MI}(X,Y) = \sum_{y \in Y} \sum_{x \in X} p(x,y) \log(\frac{p(x,y)}{p(x)p(y)}) \qquad (8\text{-}11)$$

其中$p(x,y)$是X和Y的联合概率分布函数，$p(x)$、$p(y)$分别是X和Y的边缘概率分布函数，而标准互信息的公式如式（8-12）所示。

$$\text{NMI}(X,Y) = \frac{2\text{MI}(X,Y)}{H(X)+H(Y)} \qquad (8\text{-}12)$$

$\text{MI}(X,Y)$为X和Y的互信息，而$H(X)$、$H(Y)$则分别为X、Y的熵，取值范围为[0,1]区间。

例如，有以下数据，通过标准互信息对结果进行评价。

$$A = (1,1,1,1,2,2,2,2,3,3,3,3)$$

$$B = (1,1,3,2,2,2,2,1,3,3,3,1)$$

其中A为参照数据，B为通过模型计算出的结果，一共有 12 个样本数据，共聚为 3 个聚类，A与B的数据形成对比。例如，$A[2] = 1$、$B[2] = 3$，则表示第 2 位的样本在A中为第一聚类簇，而在B中则被划分到了第三聚类簇中。

（1）首先计算标准互信息$\text{MI}(X,Y)$。联合概率分布函数$p(x,y)$的计算结果如表 8-5 所示。

表 8-5

$p(1,1) = \frac{2}{12} = \frac{1}{6}$	$p(1,2) = \frac{1}{12}$	$p(1,3) = \frac{1}{12}$
$p(2,1) = \frac{1}{12}$	$p(2,2) = \frac{3}{12} = \frac{1}{4}$	$p(2,3) = 0$
$p(3,1) = \frac{1}{12}$	$p(3,2) = 0$	$p(3,3) = \frac{3}{12} = \frac{1}{4}$

计算边缘概率分布函数$p_A(X)$、$p_B(X)$：

$$p_A(1) = p_A(2) = p_A(3) = p_B(1) = p_B(2) = p_B(3) = \frac{4}{12} = \frac{1}{3}$$

根据MI的公式计算标准互信息，得$\text{MI} \approx 0.544$。

（2）计算X、Y的熵$H(X)$、$H(Y)$，根据熵的公式，$H(X)$、$H(Y)$的计算分别如下所示。

$$H(X) = -\sum_{i=1}^{n} p_A(x_i) \log_2 p_A(x_i) \approx 1.584$$

$$H(Y) = -\sum_{i=1}^{n} p_B(y_i) \log_2 p_B(y_i) \approx 1.584$$

（3）计算标准互信息。

$$\text{NMI}(X, Y) = \frac{2\text{MI}(X, Y)}{H(X) + H(Y)} = \frac{2 \times 0.544}{1.583 + 1.583} \approx 0.343$$

A和B的标准互信息约为 0.343。不管标签分配之间的"互信息"的实际数量如何，互信息或者标准化后的值不会因此而调整，而会随着聚类数量的增加而增加。基于互信息的方法来衡量聚类效果时需要实际类别信息，NMI值越大意味着聚类结果与真实情况越相近。NMI是一种很好的评价方式，不足之处在于需要先验知识。

8.1.3 回归算法的效果评估

回归算法有属于符合自身特征的效果评估方法，这些评估方法基本上与损失函数有强关联性。常见的评估方法有均方差误差、均方根误差等。

（1）均方差误差（Mean Squared Error，MSE）。均方差误差是通过观测值与真值偏差的平方和与观测次数的比值来衡量回归的性能，定义如式（8-13）所示。

$$\text{MSE} = \frac{1}{m} \sum_{i=1}^{m} (f_i - y_i)^2 \tag{8-13}$$

其中y_i为回归的真值，f_i为通过模型的预测值，m为观测样本数量。MSE也是线性回归中常见的损失函数，线性回归过程则是使MSE的值尽可能小。MSE 的值越小，说明预测模型描述实验数据的精确度越高。

（2）均方根误差（Root Mean Squared Error，RMSE）。均方根误差可用来衡量观测值与真值之间的偏差，它是均方差误差的平方根，定义如式（8-14）所示。

$$\text{RMSE} = \sqrt{\frac{1}{m} \sum_{i=1}^{m} (f_i - y_i)^2} \tag{8-14}$$

均方根误差对均方差误差取平方根之后，结果与数据是一个级别的，因此可以更好地描述数据。均方根误差对一组观测值中的较大或较小误差反应非常敏感，能够很好地反映测量的精密度，因此被广泛使用。

（3）平均绝对误差（Mean Absolute Error，MAE）。平均绝对误差是对误差的平均值进行计算。平均绝对误差能更好地反映预测值误差的实际情况，定义如式（8-15）所示。

$$\text{MAE} = \frac{1}{m}\sum_{i=1}^{m}|f_i - y_i| \tag{8-15}$$

（4）R^2。R^2是一种统计方法，用来衡量数据与拟合回归线的接近程度，定义如式（8-16）所示。

$$R^2 = 1 - \frac{\sum_{i=1}^{m}(f_i - y_i)^2}{\sum_{i=1}^{m}(\bar{y}_i - y_i)^2} = 1 - \frac{\text{MSE}(f, y)}{\text{Var}(y)} \tag{8-16}$$

R^2的取值区间为[0,1]，取值越接近1，则表示回归拟合效果越好。一般认为，超过0.8的模型拟合度就比较高了。

8.1.4 不同应用场景下的效果评估

在不同的算法领域有不同的效果评估方法，但是这些评估方法仅能对模型本身进行评估，倘若从场景的角度出发来说明算法的有效性，则还需要补充不同场景下的不同指标。例如，在人脸识别、搜索推荐等场景中都有与其业务相关的技术指标。

除算法模型本身外，与场景的结合也是非常重要的一部分，是衡量算法能否落地的关键。

1. 人脸识别场景

人脸识别场景的基本效果评估指标有 FAR、TAR、FRR、ERR 等，它们与分类算法中的 TPR 和 FPR 相似。

（1）FAR。FAR（False Accept Rate）表示错误的人脸识别接受的比例，计算公式如式（8-17）所示。

$$\text{FAR} = \frac{\text{count}(\text{不同人分数} > t)}{\text{不同人比较次数}} \tag{8-17}$$

基于两张不同人的人脸图像的计算，通过比较分数与阈值t，判断是否属于同一人。例如，通过10次不同人的比较，其中有一次比较的不同人分数0.96大于阈值$t = 0.95$，因此存在一次不同人比较被识别为同人，即FAR = 0.1。FAR的值越小，表示不同人之间的区分度越高。

（2）TAR。TAR（True Accept Rate）表示正确的人脸识别接受的比例，计算公式如式（8-18）所示。

$$\text{TAR} = \frac{\text{count}(同人分数 > t)}{同人比较次数} \tag{8-18}$$

基于两张相同人的人脸图像的计算，通过比较分数和阈值t，判断是否属于同一人。TAR的值越高，表示同一人的识别度越高。

（3）FRR。FRR（False Reject Rate）表示错误拒绝率，即把相同人的图像当作不同人的比率，FRR $= 1 -$ TAR。

（4）EER。EER（Equal Error Rate）表示等误率。取一组0～1之间的等差数列，分别作为识别模型的判别界限，即在坐标x轴上画出FFR和FAR的坐标图，交点就是EER值。

2. 搜索推荐场景

搜索推荐场景是一个混合的算法模型，例如，对用户的分析可能会涉及聚类、分类，为用户搜索的内容存在相似性判断等。最终从业务场景出发，衡量这个场景下的算法效果，其中排序的效果非常关键。

排序质量衡量指标通过归一化折扣累计增益（Normalized discounted cumulative gain，NDCG）评估，归一化折扣累计增益是一种综合考虑排序和真实序列之间关系的指标。在搜索结果中，越相关的网页排序越靠前，分值越高。因为绝大部分用户均是从上向下点击的，最相关的放置在最前面，有助于帮助用户减少筛选信息的时间。NDCG 公式如式（8-19）所示。

$$\text{NDCG}_p = \frac{\text{DCG}_p}{\text{IDCG}_p} \tag{8-19}$$

其中DCG_p表示当前排序结果的折扣累计增益，IDCG_p表示最佳排序结果的折扣累计增益。累计增益公式如式（8-20）所示。

$$\text{CG}_p = \sum_{i=1}^{p} \text{rel}_i \tag{8-20}$$

rel_i表示在搜索结果的第i位置的评分。折扣累计增益公式如式（8-21）所示。

$$\text{DCG}_p = \text{rel}_i + \sum_{i=2}^{p} \frac{\text{rel}_i}{\log_2 i} \qquad (8\text{-}21)$$

综上所述，不同的业务场景会有不同的效果评估方式，底层的实现算法可以依据算法本身的技术指标进行，而场景下的效果评估方式更依赖于应用本身。因此应当至少有三层评估指标，底层是算法本身的评估指标，中间层是场景的评估指标，顶层则是业务评估指标。

8.2 交叉验证

8.2.1 基本思想

模型的效果评估验证在统计学习中起着至关重要的作用，因为模型的好坏直接影响预测的准确性。在模型的效果评估验证方面，已经有许多方法被提出并应用到实际中，其中交叉验证（Cross Validation）被认为是一种行之有效的方法，尤其是在可用数据较少的情况下，通过对数据的有效重复利用，可以达到交叉验证的效果。

交叉验证可以降低模型过拟合，使得评估模型的效果更客观。交叉验证也被称作循环估计（Rotation Estimation），是一种统计学上将数据样本切割成较小子集的实用方法。

交叉验证的主要思想是将数据分成两部分，一部分用于模型的训练，另一部分用于对训练好的模型进行预测误差的估计，最后选择预测误差最小的模型作为最优模型。

假设某模型有一个或多个待定的参数，且有一个数据集能够反映该模型的特征属性（训练集）。训练的过程是对模型的参数进行调整，以使模型能尽可能反映训练集的特征。如果从同一个训练样本中选择独立的样本作为验证集合，那么当模型因训练集过小或参数不合适而产生过拟合时，验证集的测试予以反映。交叉验证是一种分析模型拟合性能的有效方法。

通过训练集、验证集和测试集对模型进行训练是最简单，也是最容易理解的方法，但是这种方法至少存在四方面不足。

（1）模型在整个过程中只进行了一次从训练到测试的过程，如果给另外同样量级的训练数据和测试数据，那么它们之间的结果可能会相差较大，因为数据的随机性较强。

（2）倘若数据较为稀疏，则测试数据不能很好地代表测试结果。

（3）模型结果很依赖于训练集和测试集的划分方法。

（4）此方法仅用到了部分数据进行模型训练。一般来说，模型的训练数据越大，体现的特征就越多，对于模型的训练结果有一定影响。

8.2.2 不同的交叉验证方法

1. 简单交叉验证

简单交叉验证是最基本的验证方法，首先把原始数据随机分为两组，一组作为训练集，另一组作为验证集，然后使用训练集对模型进行训练，最后基于验证集验证模型，把得到的结果作为模型的度量结果。

此种方法的好处是处理简单，只需把原始数据随机分为两组即可。其实从严格意义上来说，简单交叉验证并不是交叉验证，因为这种方法没有达到交叉的效果。因为是随机地对原始数据进行分组，所以最后验证集分类准确率的高低与原始数据的分组有很大关系，这种方法得到的结果并不具有说服性。

2. 留一交叉验证

留一交叉验证（Leave-One-Out Cross-Validation，LOOCV）的主要思想是：倘若整个数据集为 N，则依次选择一个数据作为测试集，其余 N-1 个数据为训练集，整个过程重复 N 次，保证每一个数据均被作为训练集和测试集。

每一次的训练均会产生一个模型，最终形成 N 个模型。每一次模型对训练数据的测试都会得到一个结果 MSE。对于 N 次模型，则可以采用均值的方式，均值公式如式（8-22）所示。

$$\text{CV}_{(n)} = \frac{1}{n}\sum_{i=1}^{n} \text{MSE}_i \quad (8\text{-}22)$$

留一交叉验证不再受数据集划分的影响，它保证了每一个数据都被用作训练集和测试集，充分利用了每一个数据的价值，但是带来的问题也比较明显，当数据量较大时，训练周期也较长。

3. 分层 K 折交叉验证

K 折交叉验证是一种训练次数和结果都尽可能公正的折中方案，与留一交叉验证相比，它的测试集不再是单一的一个数据，而是一个集合，具体取决于 K 的值。例如，当 K 等于 5 时，表示将所有数据平均分为 5 份，依次取其中的一份作为测试集，其余 4 份作为训练集。每一次训练之后均会产生一个MSE，将 5 次的MSE进行平均即可得到最终的MSE，公式如式（8-23）所示。

$$CV_{(K)} = \frac{1}{K}\sum_{i=1}^{K} MSE_i \tag{8-23}$$

实际上，留一交叉验证是K折交叉验证的一种特殊情况，即K=N，与留一交叉验证相比，K折交叉验证是一种较好的折中方案。K的取值需要基于模型的偏差和方差进行考虑。如果将模型的准确度拆解为"准"与"确"，则偏差描述的是"准"，方差描述的是"确"。"准"是模型输出的预测值与真实值的差距，理论上越小越好；"确"是测试数据在模型上的综合表现，是不同的训练集训练出的模型的实际输出值之间的差异。一般情况下会对两者进行权衡，K一般取值5或10。

8.3 模型的稳定性分析

虽然模型通过了本地的效果评估与验证，但是在实际场景中稳定性也需要保障，因此需要对模型本身进行稳定性分析。稳定性分析可以从计算的稳定性、数据的稳定性和模型性能三个方面进行。

8.3.1 计算的稳定性

计算的稳定性是计算本身导致的，传统机器学习的计算稳定性比较平稳，而深度学习的计算稳定性的问题比较突出，计算的稳定性是模型鲁棒的重要体现之一。

计算的稳定性风险主要源于数值计算过程中的上溢、下溢及扰动等。因为计算过程中的溢出和损失会引发稳定性问题。

（1）避免上溢及下溢现象。上溢和下溢是指在计算过程中数值计算溢出。例如，模型中的很多数值都取值在(0,1)区间，这会在连乘时导致溢出。如0.01的10次方之后，值非常小，而深度模型中涉及的相乘次数更多，使得计算的值极小，最终计算机无法区分0和极小值，导致下溢的发生，使模型的稳定性出现不确定性。上溢的情况与之类似。

因此在实际的模型设计过程中，应当避免连续相乘的情况发生。例如，根据数据的特点，对数据进行函数处理，然后将处理之后的结果连续相加，即把连续相乘转变为连续相加，避免溢出现象的发生。

（2）避免输出值为0的函数设计。除业务或模型需要外，应尽量避免输出值为0的函数设计。输出值为0的函数的弊端主要出现在连续相乘时。例如，三个数连续相乘，若其中一个数的数值为 0，则结果为 0，这样其他数值就失去了意义。此时可以用拉普拉斯平滑（Laplace Smoothing）来修正这种问题，例如 $\frac{分子+0.001}{分母}$。平滑处理后，所有乘子的取值都不会为 0。

（3）避免输入的轻微变化导致模型输出产生较大变化，例如下面两组方程公式。

$$A:\begin{cases} x+y=2 \\ x+1.001y=2 \end{cases} \quad B:\begin{cases} x+y=2 \\ x+1.001y=2.001 \end{cases}$$

从形式上看，两组方程的第一个方程相同，但第二个方程的值分别为 2 和 2.001。两组方程本身在系数上并没有较大的改动，但是通过计算，左边方程组的解为 $x=2$、$y=0$，而右边方程组的解为 $x=1$、$y=1$。两组方程本身因为系数的极小变化导致解完全不同且相差较大，这样的模型性能稳定性较差。例如，决策树就属于不稳定模型，训练数据中的微小变化甚至可以改变决策树的结构。与决策树相比，支持向量机则属于比较稳定的模型。

这类计算导致的稳定性差异，在不经意间就会发生，除了上述情况，计算精度的不同也会导致计算的不稳定性。例如，线下训练的 GPU 与线上服务的 GPU 计算精度不一致，若线下 GPU 计算精度更高，在模型上线之后，计算的稳定性则会出现折损。在 GPU 上训练的模型，放到传统的 PC 上运行后，计算的稳定性也会出现折损。

8.3.2 数据的稳定性

数据的稳定性与模型的泛化能力息息相关，机器学习模型的泛化能力主要是针对未知数据的，因此数据的稳定性主要在于数据本身的差异分布和数据类别的分布不均衡。

（1）数据本身的差异分布。数据本身的差异分布应该与训练数据类似，否则模型的泛化能力会受到影响。例如，把基于成年人的人脸数据集设计的人脸识别模型应用于儿童的人脸识别中，效果大概率不会太好。因此在采样过程中应尽可能覆盖多场景的数据。

数据本身的差异不仅出现在训练时，也可能出现在模型不断适用过程中，有时数据可能会随着时间而发生变化。例如，模型对每个人的上下班时间进行预测，通过过去三个月的历史数据，生成了预测模型，但是由于季节的不同，人的作息时间、道路交通等条件也会发生变化，从而导致当前的数据情况已经不同于历史数据，此时就需要对模型进行迭代。

（2）数据类别的分布不均衡。数据类别的分布不均衡包括两方面，一方面是数据训练过程中数据类别的分布不均衡，当原始数据分布不均衡时，可以通过过采样和欠采样的方式解决，即对过少类别的样本重复使用或对过多类别的样本减少部分使用；另一方面是在实际应用中数据类别的分布不均衡，模型虽然通过了评估，但大部分的评估是基于模型整体的，对于不同类别的数据，准确率不一定相同。因此在实际使用中，若数据类别分布不均衡，则效果与模型在评估阶段不一定相同。

为了增强模型的泛化能力，对模型生成时依赖的数据，以及模型应用时面对的数据都有严格的要求。模型生成时依赖的数据应尽可能保持数据分布均衡，而实际应用的数据应当与模型生成时依赖的数据尽可能保持相同的分布，从而确保数据的稳定性。

8.3.3 模型性能

在实际评估过程中，当发现模型不够稳定或无法满足业务需求时，可以通过数据、算法、模型调优、模型融合等层面对模型性能进行提升，如图 8-4 所示。其中，数据和算法是相对比较容易做到的，而模型调优和模型融合则难度相对较大。

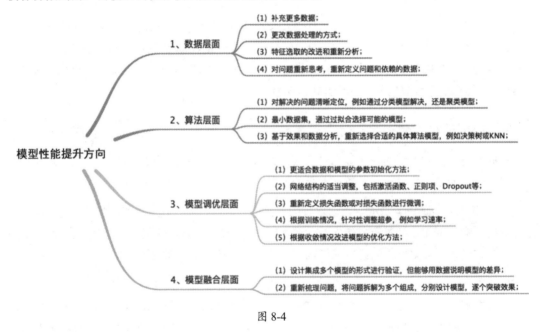

图 8-4

图 8-4 从技术角度提出了部分提升方向，而模型性能本身是与业务相关的，业务和产品形态可以帮助提升模型性能。提升模型性能不能一蹴而就，而是在不断分析问题、解决问题中逐步找到模型的缺陷，然后再通过各种技术手段弥补缺陷，使得模型性能达到较好的水平。

8.4 小结

本章首先从不同的问题场景介绍了一般性效果评估指标,包括分类算法、聚类算法、回归算法中的不同效果评估指标,评估指标来源于技术与业务的结合;然后介绍了基于不同的交叉验证方法对模型的最终效果进行评估验证;最后对模型的稳定性进行了分析,还介绍了模型性能提升方向。模型的评估和验证是实际工作中的必需环节,评估指标从数值上表达了算法人员的工作产出和风险,缺乏评估指标的算法设计难以让算法之外的人员理解其所做的工作。

参考文献

[1] 徐威,董渊,白若鹂,等. 针对中文文本自动分类算法的评估体系[J]. 计算机科学, 2007(08):177-179.

[2] 邹洪侠,秦锋,程泽凯,等. 二类分类器的 ROC 曲线生成算法[J]. 计算机技术与发展 2009,19(06):109-112.

[3] 万柏坤,薛召军,李佳,等. 应用 ROC 曲线优选模式分类算法[J]. 自然科学进展, 2006, (11):1511-1516.

[4] 韦修喜,周永权. 基于 ROC 曲线的两类分类问题性能评估方法[J]. 计算机技术与发展, 2010,20(11):47-50.

[5] 陈衡岳. 聚类分析及聚类结果评估算法研究[D]. 东北大学, 2006.

[6] 王海燕,李晓玲. 聚类评价在聚类算法选择中的应用研究[J]. 福建电脑, 2015,31(03):26-28.

[7] 邹臣嵩,段桂芹. 基于改进 K-Medoids 的聚类质量评价指标研究[J]. 计算机系统应用, 2019,28(06):235-242.

[8] 王振友,陈莉娥. 多元线性回归统计预测模型的应用[J]. 统计与决策,2008(05):46-47..

[9] 袁杨宇. 人脸识别中质量评估算法研究[D]. 重庆理工大学, 2016.

[10] 左国才,王海东,吴小平,等. 基于深度学习的人脸识别技术在学习效果评价中的应用研究 [J]. 智能计算机与应用,2019,9(03):126-128.

[11] 袁姮,王志宏,姜文涛. 刚性区域特征点的三维人脸识别[J]. 中国图象图形学报,2017,22(01):49-57.

[12] 贾明兴,杜俊强,宋鹏飞,等. 基于不同分块多特征优化融合的人脸识别研究[J]. 东北大学学报（自然科学版）,2017,38(03):310-314.

[13] 刘凡平.大数据搜索引擎原理分析[M].北京：电子工业出版社,2018

[14] 范永东. 模型选择中的交叉验证方法综述[D]. 山西大学,2013.

[15] 于化龙,倪军,徐森.基于留一交叉验证的类不平衡危害预评估策略[J].小型微型计算机系统,2012,33(10):2287-2292.

第 9 章
计算性能与模型加速

在算法效果有保障的基础上,时常会考虑让模型加速运行。为避免因为计算性能带来的问题,导致算法在实际应用中不符合场景预期,有时甚至需要更高配的计算硬件来支撑算法运行。对算法模型的计算性能进行优化,帮助模型加速是算法设计中非常重要的部分,尤其在深度学习领域。

9.1 计算优化

9.1.1 问题与挑战

机器学习解决问题的规模已经不同于早期，现阶段随着数据量的增大和模型复杂度的不断增加，提升模型的计算性能和对模型加速显得尤为重要。

传统机器学习的算法模型在高性能计算服务器中已经获得了较好的性能，但是与深度学习的算法模型一样，现阶段的机器学习算法非常依赖于计算资源，随着业务的增长，成本开销越来越大。目前，主要存在以下几个挑战：

（1）单机单计算单元（如 GPU）的资源限制往往不能满足对大规模数据和模型的处理要求，此时就需要使用多机多计算单元横向扩展计算的规模。例如，需要用额外的方法才能最大限度地减少通信的开销，从而最大化多机的并行度。

（2）优化神经网络的计算，使它能够把单个硬件计算单元的效率发挥到极致。

（3）虽然许多硬件计算单元（GPU、FPGA 等）的计算能力很强大，但是它们的内存资源非常稀缺。当不能提供模型运行所需要的内存资源时，要么运算无法进行下去，要么需要把计算所需的数据在主存和设备内存之间"倒来倒去"，这会带来很大的运行开销。因此需要更好地利用有限的设备内存资源，提升计算效率。

（4）深度学习开发者和研究人员通常只关注神经网络模型和算法本身，并不想被复杂的优化问题分散精力。这意味着深度学习框架这样的系统软件最好能够实现自动优化，而对模型开发者透明。

事实上，任何优化问题都可以从模型算法和系统两个角度来看待。一方面可以通过改变模型和算法来优化其对计算资源的使用效率，从而改进其运行速度。这样的优化对特定的算法往往非常有效，但却不容易扩展到其他算法中。另一方面是从系统的角度，在系统中实施与模型算法无关的优化，通常可以为更多的应用提升性能。

9.1.2 设备与推断计算

模型的训练一般在服务器中完成，因此可以将模型的服务部署在云端，其他设备则通过云服务的方式进行访问。然而并不是所有的应用都有网络环境，也并不是所有的场景都有服务器，针对某些场景和设备,则需要将模型的服务迁移到该设备中,此类设备包括移动设备和 IoT 设备。

在传统的物联网产品中,都是采用传统的机器学习算法理解采集数据的,并通过低能效的计算芯片完成计算。虽然对于简单结构化的数据能够做到较好的理解,但是对于复杂的非结构化数据,则处理起来较为困难,不利于产品的对外使用。因此新兴的智能物联网设备增加了更加复杂的深度学习技术,如智能人脸门禁锁、语音识别 IoT 设备等。

在智能设备中,除对准确率依然有较高要求外,对实时性的要求也非常高。例如,在智能人脸门禁中,除了要高精度识别出是否为房主,还要实现秒级开门,这也是提升用户体验和应用效果的关键。

消费级的智能设备大部分采用云端提供的智能,但是一旦网络较差时,整个体验将会大打折扣。一些涉及安全性的智能,采用云端也有安全隐患,甚至可能遭受攻击。因此直接在物联网设备上实现复杂模型的推断是更好的选择。

事实上,直接将复杂的模型嵌入智能设备中是较为困难的。大部分 IoT 设备都属于低能效设备,特点是计算力有限、内存小。而复杂模型则意味着高能耗、高计算力及高内存使用率,尤其是设备中的智能视觉功能,涉及深度卷积神经网络,计算量比一般模型相比要高得多。

因此只有衡量模型本身对计算力的消耗和内存或显存的使用,以及对计算平台本身的性能估算,才能使模型能够在合适而又不浪费资源的设备中正常运行。

目前,各类机器学习框架都提供了在 IoT 设备上的推理能力。例如,TensorFlow 提供了在移动端、嵌入式和物联网设备上运行的 TensorFlow Lite 框架。

9.2 性能指标

9.2.1 计算平台的重要指标:算力和带宽

计算平台是算法模型的计算载体,通常可以基于算力 π 及带宽 β 去衡量一个计算平台的计算力,如表 9-1 所示。

表 9-1

指标	描述
算力 π	表示计算平台的性能上限,指的是一个计算平台倾尽全力每秒钟所能完成的浮点运算数,单位是 FLOPS。
带宽 β	表示计算平台的带宽上限,指的是一个计算平台倾尽全力每秒所能完成的内存交换量,单位是 B/s。

除常规的算力π和带宽β外，还可以通过两者组合得到的运算强度上限进行衡量，算力除以带宽即可得到计算平台的计算强度上限，它描述的是在这个计算平台上，单位内存交换最多用来进行多少次浮点计算，单位是FLOPS/B。

而对模型任务来说，也存在模型实际使用的算力、带宽及运算强度。一般来说，一个任务的运算强度越大，内存使用效率越高。根据任务当前的运算强度及与计算平台的指标对比，可以得出如下结论：

（1）当任务的运算强度小于平台的运算强度上限时，任务的性能受限于内存带宽，此时平台带宽越大，或者任务的运算强度越大，任务性能越好。

（2）当任务的运算强度大于平台的上限时，性能受限于算力。此时平台算力越高，任务性能越好。

9.2.2 模型的两个重要指标：计算量和访存量

参数量是指模型含有多少参数，它不仅直接决定了模型文件的大小，还影响模型推断时对内存的占用量。与参数量类似的计算指标是计算量，计算量是指模型推断时的计算次数，通常以乘积累加（Multiply Accumulate，MAC）次数来表示，如表9-2所示。

表 9-2

指标	描述
计算量	指的是输入单个样本，模型进行一次完整的前向传播所发生的浮点运算数，即模型的时间复杂度，单位是FLOPS，对应计算平台的算力
访存量	指的是输入单个样本，模型完成一次前向传播过程中所发生的内存交换总量，即模型的空间复杂度，数据类型通常为Float32，对应计算平台的带宽，基本单位为Byte

例如，对某模型计算性能的计算，若矩阵 A、B 均是 1000×1000 的矩阵，数据类型为Float 32，计算 $C = A \times B$，则该计算会进行 $1000 \times 1000 \times 1000$ 的浮点乘、加，约2GB FLOPS的计算量，在该过程中会读 A、B 两个矩阵，写 C 矩阵，即至少访问三次存储器，约12MB。

模型的计算量和访存量类似于传统算法中的时间复杂度和空间复杂度，下面从传统的复杂度角度评估模型的影响。

（1）时间复杂度决定了模型的训练和预测时间。如果复杂度过高，则模型训练和预测将耗费大量时间，既无法快速地验证想法和改善模型，也无法做到快速、甚至实时的预测。

（2）空间复杂度决定了模型的参数数量。由于维度的限制，模型的参数越多，训练模型所需的数据量越大，而现实生活中的数据集通常不会太大，这会导致模型的训练容易过拟合。

复杂模型的训练依赖于强大的算力和带宽，同理，其推断预测时也需要更好的算力和带宽。当模型进行平台迁移时，在保持模型性能的情况下，应尽可能减少模型的计算量和访存量。

9.3 模型压缩与裁剪

9.3.1 问题背景

近 10 年来，深度神经网络在计算机视觉任务上不断刷新传统模型的性能，已逐渐成为研究热点。深度模型尽管性能强大，然而由于参数数量庞大，存储和计算代价高，依然难以部署在受限的硬件平台上。模型的参数在一定程度上能够表达其复杂性，相关研究表明，并不是所有的参数都能在模型中发挥作用，部分参数作用有限、表达冗余，甚至会降低模型的性能。

深度神经网络模型计算成本高并且存储量大，在低内存资源设备或有严格延迟要求的应用中遇到阻碍。因此在深度神经网络中执行模型压缩和加速并不会显著降低模型性能。

1. 深度学习应用的特点

深度学习应用和传统机器学习应用略有不同，主要体现在以下几个方面。

（1）Tensor 是深度学习计算中最主要的数据结构，大量的计算开销都花在对 Tensor 的处理上。Tensor 是一种比较简单的数据结构，主要由 meta-data 和 payload 两部分组成。payload 是基本元素的数组，而 meta-data 是 Tensor 的形状信息，即维度和每一维的大小。这种简单的数据结构在传输时并不需要太复杂的序列化和反序列化功能。

（2）通常情况下 Tensor 是稠密的，并且是比较大的，也就是说，在传输这样的 Tensor 时并不需要对其进行额外的批处理。

（3）深度学习的训练过程是迭代的。每个迭代处理一个批处理数据。在不同的迭代之间，数据流图和多数 Tensor 的形状信息并不会发生改变，并且其中不少形状信息是可以在运行前就静态决定的。

这些不同决定了对其计算性能和模型加速方式的不同。在应用中，受到计算单元的运算效率限制及可使用的内存限制。以内存为例，内存的大小往往限制了可以处理的模型规模，解决这一问题的一个思路是对模型进行压缩和量化。如今，学术界和工业界已经有大量的研究工作提出了不同的压缩和量化的方法。然而，在实际应用场景中，使用压缩和量化仍较为烦琐。

可以通过不同的压缩算法及压缩程度来缓解内存的限制,为了在大的压缩率下仍能取得好的模型效果,压缩过程是需要渐进的,比如一次压缩10%,然后重新训练,重复此过程直到取得目标压缩率。因而每次渐进过程的压缩率就是一个需要调整的参数。

2. 必要性及可能性

随着AI技术的飞速发展,越来越多的企业希望在自己的移动端产品中注入AI能力,同时智能设备的流行提供了内存、CPU、能耗和宽带等资源,使得深度学习模型部署在智能移动设备上变得可行。然而,想要在移动端或终端智能设备中运行的效果与服务器上运行的效果达到一致还有很长的距离要走。例如VGG-16的参数数量有1亿3千多万个,占用500MB空间,需要进行309亿次浮点运算才能完成一次图像识别任务,在移动终端运行显然不太符合实际。

在某些场景中,需要各类模型的组合才能发挥作用。例如,在自动驾驶中,实际发生作用的模型有多个,绝非简单的1~2个模型就能进行自动驾驶的决策。它们在车辆计算平台的开销要限制在一定范围内,所以模型加速是必要的,模型压缩和裁剪是其实现的一个途径。

9.3.2 基本思路和方法

模型压缩是利用数据集对已经训练好的深度模型进行精简,从而得到一个轻量且准确率相近的网络结构。压缩后的网络结构更小、参数更少,可以有效降低计算和存储开销,便于部署在受限的硬件环境中。目前对于模型的压缩可以分为前端压缩和后端压缩两种,如表9-3所示。

表 9-3

对 比 项	前端压缩	后端压缩
典型特征	不会改变网络原始结构	会很大程度上改变网络原始结构
主要方法	知识蒸馏、紧凑的模型结构设计、滤波器层面的剪枝等	低秩近似、未加限制的剪枝、参数量化、二值网络
实现难度	较简单	较难
是否可逆	可逆	不可逆
成熟应用	剪枝	低秩近似、参数量化
待发展应用	知识蒸馏	二值网络

重点内容介绍如下。

(1)参数修剪。通过尝试去除冗余和不重要的参数来减少模型参数量,适合卷积层和全连接层的深度卷积神经网络。

(2)低秩分解。使用矩阵或张量分解来估计深度卷积神经网络模型的信息参数,适合于卷积层和全连接层的深度卷积神经网络。

（3）滤波器。通过设计特殊结构的卷积滤波器来减少参数空间，并节省存储和计算，仅适合有卷积层的模型。

（4）知识蒸馏。学习蒸馏模型并训练更紧凑的神经网络以增加网络输出，适合卷积层和全连接层的深度卷积神经网络。知识蒸馏的核心思想是通过迁移知识，从训练好的大模型得到更加适合推理的小模型。

至于训练方式，可以从预训练的训练方式中提取基于参数修剪和共享低秩分解的模型，或者从头开始训练。转移或紧凑型过滤器和知识蒸馏模型只能从头开始支持训练。这些方法是独立设计、相互补充的。例如，既可以一起使用转移的网络层，以及参数修剪和共享，也可以将模型量化和二值化与低秩分解一起使用。

9.4 小结

本章从模型实际应用落地的角度介绍了计算平台的评价指标算法和带宽。计算平台的指标和模型的计算指标可以形成对比表征。此外，介绍了深度学习模型的压缩和裁剪，模型的压缩或裁剪可以使模型的计算性能大幅提升，但是效果会受到一定影响，因此在实际应用中需要权衡效果和计算性能。

参考文献

[1] 伍鸣.如何从系统层面优化深度学习计算．[EB/OL].[2018-05-18].https://www.msra.cn/zh-cn/news/features/deep-learning-optimization-in-framework

[2] 朱虎明，李佩，焦李成，等．深度神经网络并行化研究综述[J]．计算机学报,2018,41(08):1861-1881.

[3] 冯赞龙,刘勇,何王全.一种基于深度学习的性能分析框架设计与实现[J].计算机工程与科学,2018,40(06):984-991.

[4] 杨旭瑜，张铮，张为华．深度学习加速技术研究[J]．计算机系统应用, 2016, 25(09):1-9.

[5] 雷杰,高鑫,宋杰,等.深度网络模型压缩综述[J].软件学报,2018,29(02):251-266.

[6] 张弛，田锦，王永森，等．神经网络模型压缩方法综述[C]．// 中国计算机用户协会网络应用分会 2018 年第二十二届网络新技术与应用年会. 2018.

[7] 李江昀，赵义凯，薛卓尔，等. 深度神经网络模型压缩综述[J]. 工程科学学报,2019,41(10):1229-1239.

[8] 马治楠，韩云杰，彭琳钰，等. 基于深层卷积神经网络的剪枝优化[J]. 电子技术应用,2018,44(12):119-122+126.

[9] 李聪颖. 基于卷积神经网络的模型压缩研究及应用[D]. 开封：河南大学, 2018.

[10] 杨文慧. 基于参数和特征冗余的神经网络模型压缩方法[D]. 西安：西安电子科技大学, 2018.

[11] 高钦泉，赵岩，李根，等. 基于知识蒸馏的超分辨率卷积神经网络压缩方法[J]. 计算机应用, 2019, 39(10):2802-2808.

[12] DING N, WILLIAMS S. An Instruction Roofline Model for GPUs[C]. // 2019 IEEE/ACM Performance Modeling, Benchmarking and Simulation of High Performance Computer Systems,2019.

[13] HILL M, REDDI V J. Gables: A roofline model for mobile SoCs[C]. //2019 IEEE International Symposium on High Performance Computer Architecture (HPCA), 2019: 317-330.

第 10 章 应用案例专题

算法的价值在于给业务带来改变,因此不仅要深入理解算法基础,还要能够对场景或案例进行分析,并设计出符合要求的算法模型,因此对算法理论基础、算法工作方法论和算法应用分析三个方向都要有深入理解。

10.1 求解二元一次方程

10.1.1 问题分析

含有两个未知数,并且含有未知数的项的次数都是 1 的整式方程叫作二元一次方程。所有二元一次方程都可转化为 $ax+by+c=0(a、b\neq 0)$ 的一般式与 $ax+by=c(a、b\neq 0)$ 的标准式。

1. 背景介绍

在传统计算方法中,可以采用消元法和模型法求解方程。消元法是通过减少未知数个数,把多元方程组转化成熟悉的方程组;模型法则是通过建立适当的数学模型把问题转化成熟悉的模型,用模型建立已知与未知之间的联系,从这种联系中规划解决问题的思路。这些方法是数学化归与转化思想的典型样例,是形成"化未知为已知、化随机为确定、化复杂为简单、化陌生为熟悉、化隐晦为明朗、化无序为有序"这种化归与转化思想的基础。

二元一次方程一般采用消元法求解,即减少未知数的个数,使二元方程转化为一元方程再解出未知数。将方程组中一个方程的某个未知数用含有另一个未知数的代数式表示出来,代入另一个方程中,消去一个未知数,得到一个一元一次方程,最后求得方程组的解。因此,求解二元一次方程的解似乎看起来不是一件很难的事情,例如给定如下方法组:

$$\begin{cases} 5x+2y=10 \\ x+4y=11 \end{cases}$$

通过方程组的合并消元求解,可以很容易得 $x=1$、$y=0.25$。也可以通过众多的开发工具包求解多元一次方程,其原理都是采用了消元的思想。

2. 问题定义

现需要通过机器学习的方式,对于输入的任意二元一次方程都能够计算出结果。抽取二元一次方程式的特征,变成计算机可理解的数组,如下:

$$5x+2y=10 \rightarrow [5,2,10]$$

$$x+4y=11 \rightarrow [1,4,11]$$

即对算法模型输入的是两个数组:[5,2,10]、[1,4,11]。输出的是方程解的数组:[1,0.25]。这样就把数学问题转变成了算法问题。

对机器学习而言，基本都是围绕着距离计算和概率计算进行的，而方程式中的x和y可以理解为权重，即当x和y为某值时，$5x + 2y - 10$的距离尽可能短，使其几乎等于 0；同理，$x + 4y - 11$的距离也尽可能短，使其几乎也等于 0，权重或为概率，或为距离。

10.1.2　模型设计

定义模型的输入为一个六维的向量，输出为一个二维的向量，如表 10-1 所示。

表 10-1

示　　例	输　　入	输　　出
$\begin{cases} 5x + 2y = 10 \\ x + 4y = 11 \end{cases}$	[5,2,10,1,4,11]	[1,0.25]
$\begin{cases} 6x - y = 3 \\ x + 2y = 7 \end{cases}$	[6,−1,3,1,2,7]	[1,3]

在输入和输出已经确定的情况下，模型的选择相对比较容易，可以考虑基于神经网络的模型对问题进行求解。神经网络模型的五要素如下所示。

（1）输入。输入层为 6 个神经元，分别表示方程式中各系数的值。

（2）输出。输出层为 2 个神经元，分别为方程x和y的解。

（3）损失函数。考虑到输出结果为离散的点，因此采用均方差损失函数作为损失函数。

（4）优化方法。计算的优化方法可以采用 Adam 算法，学习速率采用 0.001。

（5）模型结构。二元一次方程的求解，在输入和输出已经确定的情况下，可以确定中间隐藏层。求解问题的复杂度并不是很深，所以三个以内的隐藏层即可。激活函数采用标准的 ReLU 函数，模型结构大致如图 10-1 所示，是经典的神经网络结构。

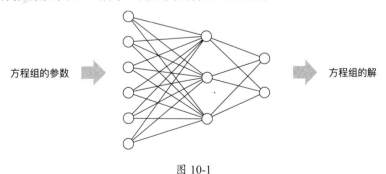

图 10-1

至此一个简单的求解二元一次方程的模型就建立完毕了，训练的数据可以通过程序自动生成。例如，预先随机设定 x 和 y 的值，然后随机生成加减法和系数，之后不断地用随机结果对神经网络进行训练。当模型达到收敛之后，再对模型进行验证。通过大量数据的训练，最终可以使得模型的预测准确率达到 99%+。对模型进行测试，尤其是针对无解的方差，模型也能够输出无效值。

同理，对于二元二次方程，甚至多元二次方程等也可以采用类似的方法建立模型，但是这类算法的本质还是回归拟合，不同点在于如何更好地表达出特征。例如，对于二元一次方程，是把数组作为模型的输入和输出的，而多元二次方程输出的结果可能是边长，并非固定值，甚至存在输出解有多个的情况，因此需要对模型进行改进。

10.2 鸢尾花的案例分析

10.2.1 数据说明

鸢尾花数据集是模式识别、机器学习等领域中最常用的实验数据集，很多第三方机器学习库或语言库中都包含鸢尾花数据集。

鸢尾花数据集共收集了三类鸢尾花，即山鸢尾（iris setosa）、杂色鸢尾（iris versicolour）和维吉尼亚鸢尾（iris virginica），每一类鸢尾花收集了 50 条样本记录，共计 150 条。数据集包括 4 个属性，分别为花萼的长（sepal length）、花萼的宽（sepal width）、花瓣的长（petal length）和花瓣的宽（petal width），即数据集共包含 4 个特征变量、1 个类别变量，鸢尾花数据集中的部分数据示例如表 10-2 所示。

表 10-2

花萼的长（cm）	花萼的宽（cm）	花瓣的长（cm）	花瓣的宽（cm）	品　　种
5.1	3.5	1.4	0.2	iris setosa
4.9	3	1.4	0.2	iris setosa
4.7	3.2	1.3	0.2	iris setosa
4.6	3.1	1.5	0.2	iris setosa
…	…	…	…	…

读者可自行下载数据或在 Python 的 scikit-learn 环境中使用或了解鸢尾花数据集。如无特殊说明，本案例中花萼的长、宽及花瓣的长、宽均为厘米。

10.2.2 数据理解和可视化

对鸢尾花数据集的数据理解实际上是对四个特征的理解，只有对特征足够理解，才有助于解决分类、聚类等实际问题。

1．基本分布情况

假设四个特征决定了鸢尾花的品种类型，则需要对这四个特征的基础特征进行了解，150个鸢尾花数据的特征分布情况如表 10-3 所示。

表 10-3

	花萼的长	花萼的宽	花瓣的长	花瓣的宽
数量	150	150	150	150
均值	5.843333	3.054000	3.758667	1.198667
方差	0.828066	0.433594	1.764420	0.763161
最小值	4.300000	2.000000	1.000000	0.100000
第一四分位	5.100000	2.800000	1.600000	0.300000
中位数	5.800000	3.000000	4.350000	1.300000
第三四分位	6.400000	3.300000	5.100000	1.800000
最大值	7.900000	4.400000	6.900000	2.500000

表 10-3 中花萼的长、宽和花瓣的长、宽的分布情况可以通过箱型图形象地表示，如图 10-2 所示。

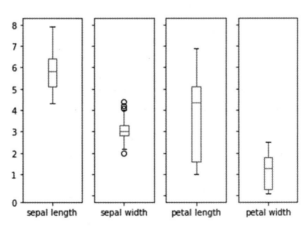

图 10-2

可以明显地看到花瓣的长变化区间更大，而花萼的宽则是变化区间最小的。

2. 花萼与花瓣的长和宽分布

与花萼相关的特征是花萼的长和宽，与花瓣相关的特征是花瓣的长和宽，因此基于花萼与花瓣的长和宽可大致了解其分布情况，如图10-3所示。

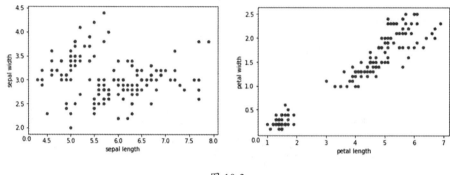

图 10-3

通过观察花萼的长和宽的分布情况大致可以感知数据分别有左上角和右下角两端有分开的趋势；同理，通过可视化观察花瓣的长和宽的分布情况，可以明显发现数据分为了两部分，由此可以预估花瓣的长和宽分布的左下角部分可能是单独的一个鸢尾花类别。

3. 花瓣与花萼的长和宽与鸢尾花类别的关系

鸢尾花的类别与花瓣、花萼存在内在联系，因此可以对不同鸢尾花类别中的花萼、花瓣的平均长和宽进行对比，如表10-4所示。

表 10-4

鸢尾花类别	花萼的长（cm）	花萼的宽（cm）	花瓣的长（cm）	花瓣的宽（cm）
iris setosa	5.006	3.418	1.464	0.244
iris versicolor	5.936	2.770	4.260	1.326
iris virginica	6.588	2.974	5.552	2.026

通过表 10-4 可以初步看出，三个品种的鸢尾花在花瓣、花萼的长和宽上存在较大的差异，因此可以将样本数据根据花萼的长和宽及花瓣的长和宽进行可视化分析，如图 10-4 所示。

通过图 10-4 的对比可以发现，对于花萼的分类猜测是正确的，花萼的长和宽在图的左上角是"setosa"，在右下角是"versicolor"和"virginica"。同理，在花瓣的长和宽图中，左下角是"setosa"，右上角是"versicolor"和"virginica"，虽然两者相距较近，但是仍然具有一定的区分度。两幅图基本可以表明"setosa"在花萼与花瓣的长和宽中具有一定的区分度，而"versicolor"和"virginica"则存在混合情况。

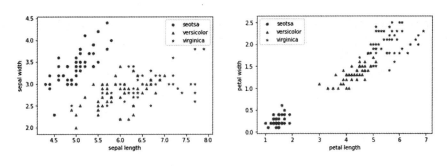

图 10-4

因此，为了更好地区分"versicolor"和"virginica"两个品种的鸢尾花，将四个特征变量进行两两对比，如图 10-5 所示。

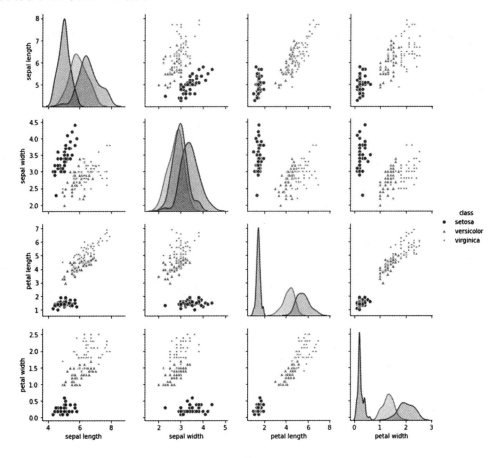

图 10-5

通过图 10-5 可以发现，品种为 "setosa" 的鸢尾花很容易在三个品种之中区分出来，而其余两个品种之间则存在一定的耦合。

至此，相信读者已经对数据有了基本的了解，倘若后续遇到对此数据的挖掘或建模，则可以快速运用，例如，可以通过分类或聚类的方式对不同品种的鸢尾花进行区分。

10.2.3 数据特征的降维

原始的鸢尾花数据集含有四维特征变量，因此可以通过不同的方法对数据特征进行降维，例如，可以基于因素分析、主成分分析、独立成分分析、多维度量尺等方法进行降维。

（1）因素分析。因素分析是基于高斯潜在变量的一个简单线性模型，假设每一个观察值都是由低维的潜在变量加正态噪声构成的，则基于因素分析的降维效果如图 10-6 所示。

（2）主成分分析。主成分分析是从因素分析发展而来的降维方法。通过正交变换将原始特征转换为线性和独立特征。主成分分析可以将原始的 n 维缩小为 $k(k < n)$ 维。在特殊情况下，可通过主成分分析将维度缩减为二维。借助二维的可视化效果，可以把多维数据转换为平面中的点。基于主成分分析的效果如图 10-7 所示。

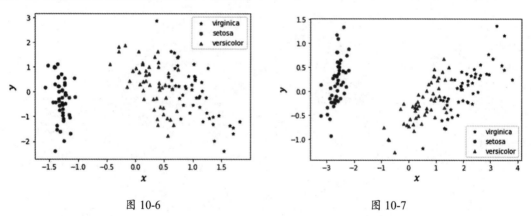

图 10-6　　　　　　　　　　　　图 10-7

通过降维的可视化，使得数据在二维坐标空间中类别基本能够区分开，不过实际上"versicolor" 和 "virginica" 两种类别的界限并不是特别清晰，原始四维特征中的关系并没有发生改变。

（3）独立成分分析。独立成分分析可以将多源信号拆分成最大可能独立性的子成分，它最初不是用来降维的，而是用于拆分重叠的信号，基于独立成分分析的降维效果如图 10-8 所示。

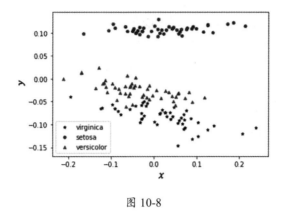

图 10-8

（4）多维度量尺。多维度量尺就是用几何空间中的距离来建模数据的相似性，用二维空间中的距离来表示高维空间的关系。基于多维度量尺的降维效果如图 10-9 所示。

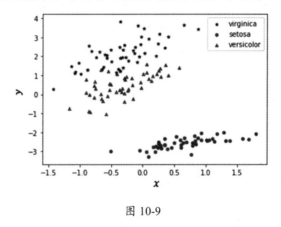

图 10-9

高维数据的降维问题一直是统计机器学习和数据分析的核心问题之一，有着广泛的应用基础，尤其是涉及的变量较多时，可以考虑用降维的方式来解决数据特征过多的问题。

10.2.4 数据分类

鸢尾花数据集本身已经标注了每个样本所属的鸢尾花品种，因此可以作为已标注的数据，通过训练模型可以对未知的数据进行分类预测。下面用不同的分类算法对鸢尾花建模。

1. 线性分类

因为线性模型只能划分两个类别，所以对"setosa"和"versicolor"两种类别可以使用线性分类模型进行划分，并选择花瓣的长和花萼的长作为两个类别的特征，基于花瓣的长和花萼的长,两个品种的鸢尾花可视化的效果如图 10-10 所示。

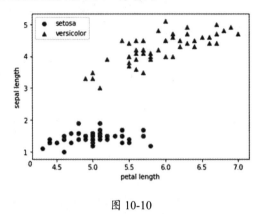

图 10-10

线性分类是在两个品种之间绘制一条直线,将两个类别完整分开。定义该直线为 $\hat{y} = w_0 + w_1 x_1 + w_2 x_2$,最终判断类别的公式如式(10-1)所示。

$$\varphi(\hat{y}) = \begin{cases} 1, y \geqslant 0 \\ -1, y < 0 \end{cases} \tag{10-1}$$

其中,当 $\varphi(\hat{y}) = -1$ 时,代表类别为"setosa";当 $\varphi(\hat{y}) = 1$ 时,代表类别为"versicolor"。x_1 和 x_2 分别表示特征值:花瓣的长和花萼的长,w 表示特征的权重。定义损失函数为均方差损失函数,如式(10-2)所示。

$$\text{Loss}(w) = \frac{1}{2n} \sum_i (y^i - \hat{y}^i)^2 \tag{10-2}$$

基于损失函数,偏导数计算过程如式(10-3)所示。

$$\frac{\partial \text{Loss}(w)}{\partial w_j} = \frac{1}{2n} \sum_i 2(y^i - \hat{y}^i) \frac{\partial (y^i - \hat{y}^i)}{w_j} = -\frac{1}{n}(y^i - \hat{y}^i)x_j^i \tag{10-3}$$

对于权重 w 的调整如式(10-4)所示。

$$w_j' = w_j - \eta \frac{\partial \text{Loss}(w)}{\partial w_j}, j = 0,1,2 \tag{10-4}$$

其中 η 表示学习速率,设定学习速率的值为 0.01,反复迭代的效果如图 10-11 所示。

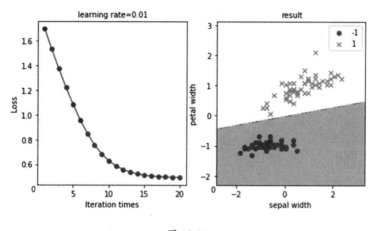

图 10-11

从图 10-11 的左图可以发现，通过不断的训练，损失值不断减少，逐步趋于平缓；在图 10-11 右图的可视化效果中，一条直线将两个品种的鸢尾花划分为两部分。

2．基于决策树的分类

决策树是比较好的分类方法，针对鸢尾花数据集，首先将数据集分为 70% 的训练集和 30% 的测试集，然后进行预测，之后进行优化，输出准确率、召回率等。选择的分类特征为花萼的长和宽，得到的结果如图 10-12 所示。

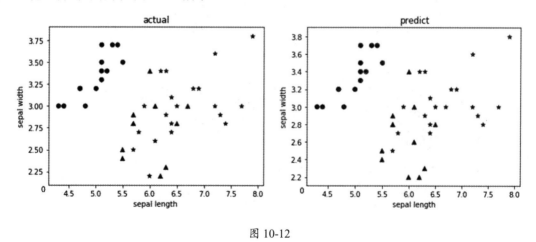

图 10-12

可以发现预测的结果（右图）与实际的结果（左图）相比，存在一定的预测错误的情况。通过对预测结果和真实结果的比较，计算精确率、召回率、F1 值，计算结果如表 10-5 所示。

表 10-5

鸢尾花类别	精 确 率	召 回 率	F1 值
iris setosa	1.0	1.0	1.0
iris versicolor	0.83	0.91	0.87
iris virginica	0.95	0.90	0.92

上述数据的综合准确率约为 0.93，当然，随着筛选数据的不同，数据划分比例的不同，得到的准确率的结果也不完全相同。

3. 基于支持向量机的分类

支持向量机可以分为线性和非线性两种方式。线性支持向量机的决策边界是直线边界，而非线性支持向量机的决策边界是曲线边界，这些曲线边界的具体形状取决于核函数及核函数的参数，如多项式核、高斯径向基核等。把鸢尾花的花萼的长和宽作为分类的特征，得到的分类效果如图 10-13 所示。

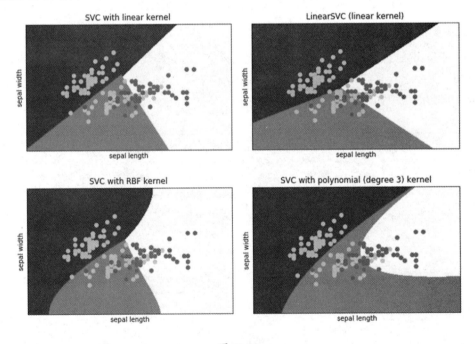

图 10-13

可以看到部分区域可以被很好地区分，但是也存在不易区分的地方，这时调整核技巧或者加入更多的特征可能会得到更好的效果。

10.2.5 数据聚类

常见的聚类算法在第 5 章已经介绍过，数据的特征既可以作为分类的依据，也可以作为聚类的依据，基本上能够进行分类的问题都可以进行聚类。聚类的结果不一定和分类的结果一致，甚至同一个分类中的数据在聚类过程中也可能出现在不同的聚类簇中。一方面，因为有噪声数据，另一方面，特征在聚类中的计算方式和在分类中的计算方式不一定完全相同。

因此，针对鸢尾花数据集可以选择花萼的长和宽作为特征，采用不同的方法对其进行聚类分析。当然，采用全量的特征进行聚类是完全可行的，只要定义好聚类过程中的距离计算方法即可。

（1）基于 K-Means 算法的聚类。在 K-Means 算法中，设定 k 值为 3，即形成三个聚类簇，得到的聚类结果如图 10-14 所示。

从图 10-14 可以看出，聚类效果与真实标签的情况类似。同理，调整 k 值大小的结果如图 10-15 所示。

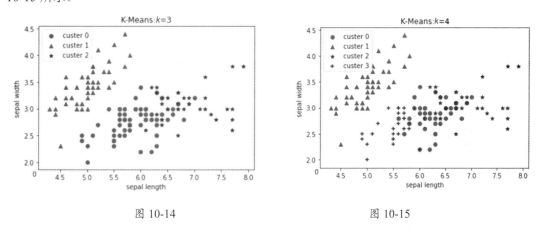

图 10-14　　　　　　　　　　　　图 10-15

（2）基于 AGNES 算法的聚类。AGNES 算法是一种自底向上的聚类算法，首先把每个对象作为一个簇，然后合并这些原子簇为越来越大的簇，直到某个终结条件被满足。在鸢尾花数据集中，通过指定聚类簇数为 3 的结果如图 10-16 所示，在 150 个样本中，形成的三个聚类簇中的样本个数分别为 64、50 和 36。

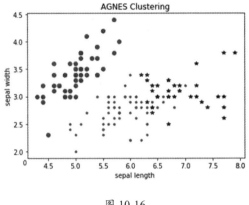

图 10-16

（3）基于 DBSCAN 算法的聚类。DBSCAN 算法能够很好地去除数据中的噪声，当数据不足时，或者设置的最小聚类簇的元素个数太大时，则可能导致波动也比较大。在鸢尾花数据集中，基于 DBSCAN 算法的聚类结果如图 10-17 所示，其中 eps 设置为 0.4，最小聚类簇的元素个数设置为 5。

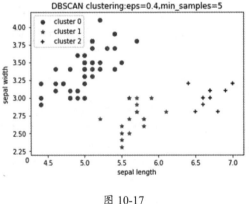

图 10-17

上面三个聚类算法的结果相差不多，但是在最终的呈现上是存在差异的，尤其是 DBSCAN 算法，最终呈现的结果与实际并不一定相同，而 DBSCAN 算法基本可以使用任意形状的聚类簇。

当然，在实际聚类过程中，还可以先对特征进行降维之后，再进行 K-Means、DBSCAN 等算法的聚类，特征的多少对结果并不一定起决定性作用，可以尝试发现有效的特征并把它作为分类的依据，从而在提升效果的同时，减少模型的计算量和对数据的要求。

10.3 形体识别

形体识别一种与人脸识别类似的生物识别技术，人脸识别是基于人脸特征对人的身份进行识别的，形体识别则是基于人的形体特征对人的身份进行认证。

注：形体识别的名称是笔者本人曾负责项目的名称，旨在通过人的形体对人的身份进行认证，下述内容仅对关键技术和应用方案进行了介绍，不做论文形式的前沿学术探讨，技术和方案已脱敏。

10.3.1 问题定义

形体识别是指通过自动跟踪人体的全局或局部信息，对人的形体、动作进行分析处理与理解，通过不同时间对同一人进行建模，使得在不同的时刻依然能够识别该人，完成身份认证。一个完整的形体即人的外部轮廓，如图 10-18 所示。

图 10-18

图 10-18 中右图的蒙层区域即为人的形体特征范畴，即一个人的完整的四肢轮廓、头部等。当然在实际识别过程中，适当的遮蔽也是可以的，包括站立为背向也是可以的。

1. 同类或相似问题

与形体识别类似的包括行人再识别和步态识别，两者均是目前学术界和工业界积极探索和研究的领域。

（1）与行人再识别的差异。行人再识别指的是在无重叠视域多摄像机监控系统中，匹配不同摄像机视域中的行人目标。形体识别是在行人再识别基础上的衍生，行人再识别是利用计算机视觉技术判断图像或者视频序列中是否存在特定行人的技术，广泛被认为是一个图像检索的子问题。给定一个监控行人图像，检索跨设备下的该行人图像，旨在弥补固定摄像头的视觉局限,并可与行人检测或行人跟踪技术相结合,可广泛应用于智能视频监控、智能安保等领域。而针对形体识别,时效性不仅限于跨摄像头,甚至可以跨越更长的时间。与人脸识别一样,在不同的时间需要做到能够对同一人进行识别,技术难度相对更高。

(2)与步态识别的差异。步态识别是近年来许多研究者所关注的一种较新的生物认证技术,它是通过人的走路方式来识别人的身份的一种方法,旨在通过人走路的姿态对其进行身份识别。与其他生物识别技术相比,步态识别具有非接触、远距离和不容易伪装的优点。在智能视频监控领域,比图像识别更具优势。形体识别和步态识别类似,都是借助用户的行为特征进行身份认证的,形体识别支持静态和动态两种形式,步态识别更多的是基于步态特征。

2. 诞生背景

(1)应用价值。

形体识别在不同的领域有非常高的潜在需求。例如,在安防监控领域中,视频监控的主要功能是防盗、防伪章等,兼顾突发事件的预测和回溯侦查。因其直观、准确、及时和信息内容广泛而应用于日常生活中的各个场所,如交通路口、停车场、车站、银行、医院、商场等。

在数量巨大的监控视频数据面前,单纯依赖人工来处理监控内容已不能适应社会发展的需要。将计算机视觉技术应用到监控系统中,让计算机对监控视频中的内容进行自动理解,识别出异常行为并发出报警,已成为新一代的智能监控技术。

摄像机可以在画面中分类识别出人、车、物等目标类型,大小、颜色、方向、速度等特征,直接生成结构化数据传输至后台,便于后续排查。用户可以输入目标搜索条件,如车辆或人员的颜色特征,运动方向及进入区域等,从视频中快速锁定人和车辆,提升识别效率。若是搭载形体识别技术的摄像头,还可自动化完成异常行为判断。

(2)非形体重识别的可能性。

重识别的主要目的是能够再次确认特定的人,目前人脸识别已经进入成熟应用阶段,因此理论上人脸识别是可以进行重识别的,但是有两个原因导致人脸识别较难应用。首先,拍摄的图像广泛存在后脑勺和侧脸的情况,在无法找到正脸的情况下,人脸识别难;其次,摄像头拍摄的像素可能不高,尤其是在远景摄像头中,人脸截出来的图像非常模糊,从而导致人脸识别在实际应用中有困难,甚至需要更高的硬件成本,变为近距离的身份认证。

由于人的衣服颜色和出现时间存在一定关系,因此在早期的重识别中,可以通过衣服颜色和出现的时机对特定人群进行重识别。显然衣服颜色确实是行人重识别做出判断的一个重要因素,但仅靠颜色是不足的。一方面,摄像头之间有色差,并且会受到光照的影响;另一方面,有时有撞衫情况的发生,在多个数据集上的测试表明,仅用颜色特征很难达到 50%的 Top-1 准确率。

3. 形体识别的优势

在身份认证领域目前有指纹识别、人脸识别、虹膜识别等认证技术,但是基本都属于近距离的身份认证技术,甚至是接触式的身份认证技术。形体识别的差异和优势分别如下。

(1) 适用范围更广,主要解决中远距离的身份认证。只要完整的形体能够出现,基本上都属于可识别的范畴,一般距离摄像头 3~5 米之外,50 米以内,基本上是 360 度全景视角的识别。

(2) 被识别者无须参与任何动作的配合,且全程无感知,不需要把人脸与摄像头对齐或者类似指纹识别的触摸识别设备。

(3) 难以伪装,不同的人形体特征不同,即使是同一人,由于形体特征属于人的本体反映出来的状态,被识别者难以自我伪装。

(4) 对光照和外部依赖环境敏感度低,不同照射条件下的光源对识别结果影响不大,对光照和外部环境敏感度低。

10.3.2 应用形式

形体识别的应用形式在不同场景下有所不同,大致可以分为 1:1 对比认证模式和 1:N 大样本识别模式。

1. 1:1 对比认证模式

1:1 对比认证模式是身份认证中最常用且落地效果最好的认证方式。例如,在机场出示证件,通过证件的照片与实际本人的人脸识别,即为 1 比 1 的对比认证模式。同理,基于形体的 1 比 1 对比,大致形式如图 10-19 所示。

对于不同人的形体,通过深度学习模型输出 N 维的特征向量,可以基于向量之间的相似度来判定是否属于同一人。

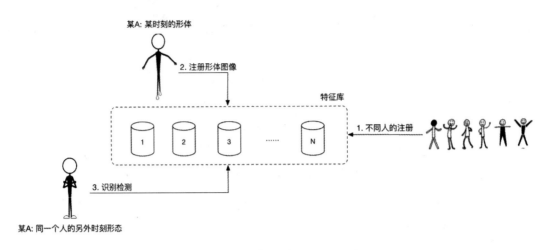

图 10-19

2. 1:N 大样本识别模式

1:N 大样本识别模式需要对生成的特征向量本身进行特定的处理。例如，进行N维的分类，即对一个人的形体，通过模型判断其所属的类别。此种方式在理论上是可行的，但在实际操作中困难较多。一方面，在新增或减少人时模型可能会进行调整；另一方面，由于分类的特殊性，甚至会把陌生人归属到某特定的类别中。整个系统的可扩展性等都受到较大的挑战。

因此，在实际的 1:N 大样本识别模式中，依然是将形体编码为特征向量，通过特征向量进行对比。当然，不是将每一个人都去和另外的 N 个人进行比较，而是通过划分的特定区域进行判别，如图 10-20 所示。

基于图 10-20，把人的形体特征映射到二维坐标系中，每一个小聚类簇代表着同一个人，当新来一个用户形体后，新的形体会变成坐标中的一个点，他的不同时刻的形体也应该在相同区域附近。通过建立区域索引，可以更高效地完成 1:N 大样本识别。

值得说明的是，结合图 10-20 所示的形式与不同类别之间的最小间距，还可以估算出 1:N 中的 N 的可能大小，这对于实际落地有很大的参考意义。当实际场景的规模小于 N 时，应用效果较好；当实际场景的规模大于 N 时，随着场景规模的不断增大，误识别概率会越来越高，这时就需要对模型进行改进。

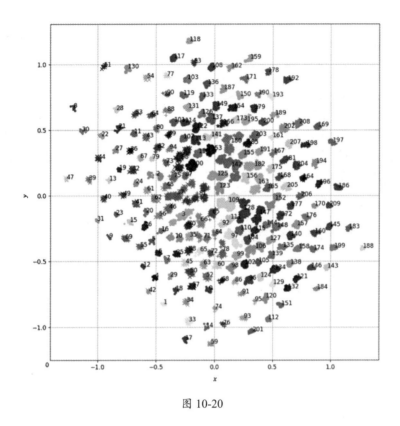

图 10-20

10.3.3 数据准备与处理

本案例仅考虑静态场景下的形体识别,不考虑动态场景下的形体识别,即不含连续帧序列的多图,如一个人走路的完整形体周期。动态的形体识别可以考虑通过录制视频的方式来采集足够的数据,静态的形体识别则只需要有不同时间的形体照片即可,类似于人脸识别。

在数据处理过程中,最重要的是从已经获得的形体图像中提取有效的特征进行身份认证。传统的图像去噪等处理依然需要,对特征的处理最为关键。对一张形体照片提取特征的方式至少有三种,如原始图像、形体分割、形体骨骼等。

使用原始图像的方式提取特征的优点是简单、直接,让卷积神经网络或者其他网络对原始图像进行编码即可,缺点是抗干扰性较差,因此一般不直接通过原始图像来提取特征,如衣服的颜色等。

1. 形体分割

形体分割则是尽可能减少人脸、衣服颜色等外在的形体特征对识别的干扰。形体分割实际上是语义分割的一种，只是分割的对象为形体，形体分割的效果如图 10-21 所示。

图 10-21

把形体分割的结果作为形体识别的输入特征，然后进行建模并产生结果。理论上，形体分割的效果会覆盖形体的完整信息，从特征的角度来说，是一个不错的特征，然而在实际落地过程中会遇到两方面的问题。一方面，形体识别的准确度受到形体分割的影响，需要形体分割有较高的准确度；另一方面，形体分割在落地过程中计算性能消耗非常大，影响处理效率。倘若语义分割的模型过于简单，则虽然计算性能得到了提升，但是准确率会受到非常大的影响。

此外，在形体识别中，形体分割不能解决的一个问题是：人着装的厚度等情况，可能会让模型在不同时间段失效。例如，冬天时衣物较厚，而夏天衣物单薄，这类与形体无关的特征也会被形体分割时保留，导致模型准确度下降。

2. 形体骨骼

考虑到人的形体特征主要是由骨骼关键点形成的，包括各种姿势等，因此可以考虑把骨骼关键点作为特征进行提取。关键点的信息主要包括右脚踝、右膝盖、右臀、左髋、左膝盖、左脚踝、骨盆、胸部、上颈部、头顶、右手腕、右手肘、右肩、左肩、左肘和左手腕的位置信息。针对形体骨骼的关键点抽取建立的图形如图 10-22 所示。

图 10-22

图 10-22 中的右图是基于图 10-22 的左图（原图）进行抽象的结果，实际上是通过关键点的信息组合成抽象人体的图形。当然，也可以对部分内容继续进行抽取，例如，对图形适当调整，如图 10-23 所示。

图 10-23

不仅如此，甚至需要对关键点进行纠正。关键点纠正是提高整体识别准确度中比较重要的部分，主要目的是将所有的关键点统一化。而关键点纠正则是根据关键点的当前位置将人体的一般形态转换为标准形态，类似于人脸识别的人脸对齐。

形体骨骼保留了形体中最关键的骨骼信息，同时避免了人脸、衣服厚度、衣服颜色、人的肤色等各类外部环境带来的干扰，同时丢失了胖、瘦等这类特征信息，并且需要骨骼关键点检测模型的支撑。当前关键点检测的整体性能还是不错的，一些开放的模型都达到了实时检测级别。例如，卡耐基梅隆大学开源的 OpenPose 模型，可以达到每秒 25 帧以上的识别速度。

当然，应根据不同的应用场景，选择形体分割的特征图或形体骨骼的特征图，两者在不同的场景下各有各的优势。

10.3.4 技术方案与模型设计

整个技术方案采用 1:1 的对比身份认证和 1:N 的身份认证，因此最终的方式是采用类似聚类的思想，把相同人的形体特征放在同一个小区域内，而不同人的形体特征向量的距离要足够大。

1. 整体流程

首先，从摄像头采集数据，同时过滤掉不需要的数据。例如，可以根据不同的业务场景决定是否一定需要人脸，人体的关键点出现的量，需要每个人的形体数据张数等。

其次，通过特征图生成特定的编码，生成的规则是同一个人的形体生成的特征编码尽可能是相近的，不同人生成的特征编码则尽可能地远。

再次，通过聚类分析用户特征是否是同一人，并定义好最小间隔距离及单个用户的特征编码。

最后，当出现一个新的形体时，可根据该用户的特征编码进行身份认证。

如图 10-24 所示。

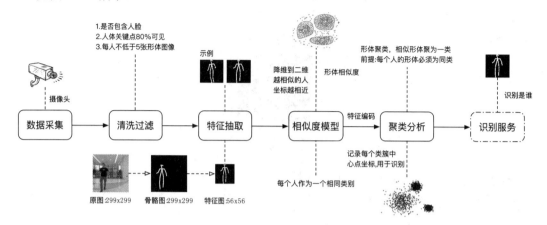

图 10-24

对于用户的特征编码，可以采用多个形体的特征值求中心点，或直接采用注册时的特征编码值，从而实现完整流程。

2．模型的设计思考

由于业务的目标是身份认证，因此同一个人是相似的，不同人则尽可能不相似。基于这样的思想，很容易想到孪生网络结构。

（1）孪生网络结构。通过共享网络模型的部分结构，把同一人之间的特征距离尽可能小作为损失值，设计的网络结构大致如图 10-25 所示。

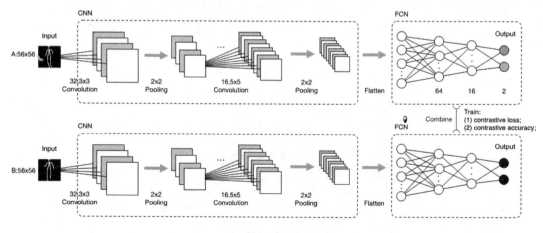

图 10-25

模型的输入是 56×56 大小的图像，通过对输入图像进行卷积操作生成特征编码，最终输出一个二分类结果，即是同一个人或不是同一个人，损失函数为对比损失函数。通过孪生网络结构，虽然看似可以解决问题，但是特征编码的生成会比较困难，模型的准确率也不是特别高。

（2）借力三元组损失。为了使形体获得更好的编码和效果，可以在孪生网络结构基础上，引入三元组损失对模型进行改进。输入为三张图像，如图 10-26 所示。

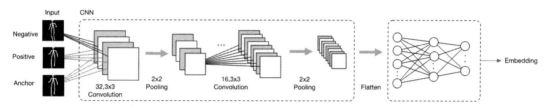

图 10-26

输入的三张图像会产生 3 个 Embedding，因此基于三个 Embedding 采用三元组损失，使得模型的训练方向和业务的方向尽可能一致。一般来说，在引入三元组损失之后，可有效提升模型的准确率。

10.3.5 改进思考

想要使形体识别达到更高的准确率，直到被商业化应用，至少有以下几个方面需要改进。例如，对于输入的人体关键点组成的形体特征图，由于是二值化的特征值，因此在实际使用时稀疏性非常严重，有效区域空间并不多。

（1）考虑引入动态的特征提高形体的准确度。静态图的形式并不能完全覆盖行人的用户特征。而在实际落地场景中，大部分是具备视频流的，因此可以引入动态的形体特征，结合序列相关的模型和三元组损失进行判定。

（2）特征的选取，除骨骼关键点和形体分割外，还可以借助其他判断。例如，在识别一个人时，他的高矮、胖瘦、年龄、头发长短、穿衣风格等，这些都是整个身份认证过程中的关键信息。

（3）损失函数是设计的关键，三元组损失在一定程度上已经接近了部分问题，但是由于筛选的数据等原因，三元组损失依然有所不足，存在一定的不稳定性。例如Softmax函数的每一批训练数据的损失都能够兼顾全局的信息，并进行权重更新，这一点能够保证整个训练过程相对平滑稳定。而三元组损失则是通过引入 Anchor 实现的，每批训练数据所涉及和更新的信息非常有限，仅包含两个类别，如果不能设计合理的采样和训练策略，则很容易出现的一种情况是某个类别的 Embedding 分布不稳定、出现突变和跃迁，导致训练反复，难以收敛。

当然除技术层面外，在实际落地场景中，如果人脸清晰可判定，则可以结合人脸数据进行判定，例如，通过人脸识别和形体识别对结果进行交叉识别等。

10.4 小结

本章将机器学习技术应用在了实际案例中。求解二元一次方程是数据拟合的直观示例；鸢尾花的案例则混合了数据理解，在数据理解基础之上采用分类和聚类的方式对鸢尾花进行类别分析。最后介绍了相对复杂的形体识别，通过问题定义、数据准备处理，以及方案与模型设计达到形体识别的目的。整体的应用过程都离不开对数据的理解和对模型的设计。对数据的理解是对业务理解的基础，基于数据理解之后设计的模型更具有实际意义。

参考文献

[1] 吴增生.数学思想方法及其教学策略初探[J].数学教育学报,2014,23(03):11-15.

[2] 苏锦霞. 基于特征选择的高维数据统计分析[D]. 兰州：兰州大学, 2018.

[3] 徐奇钊. 基于非参数方法的分类模型交叉验证结果比较[J]. 计算机科学与应用, 2016, 6(3): 132-136.

[4] 吴志辉. 基于支持向量机的径向基网络基函数中心确定方法研究[D]. 沈阳：东北农业大学, 2018.

[5] 闫伟,吕香亭.SOM 网络与 K-Means 聚类的实证比较[J].统计与咨询,2009(03):22-23.

[6] 齐美彬, 檀胜顺, 王运侠, 等. 基于多特征子空间与核学习的行人再识别[J]. 自动化学报, 2016, 42(02):299-308.

[7] 徐梦洋. 基于深度学习的行人再识别研究综述[C]. // 中国计算机用户协会网络应用分会 2018 年第二十二届网络新技术与应用年会. 2018.

[8] 金堃, 陈少昌. 步态识别现状与发展[J]. 计算机科学,2019,46(S1):30-34.

[9] 尹建芹，刘小丽，田国会，等. 基于关键点序列的人体动作识别[J]. 机器人,2016,38(02):200-207+216. [10] CAO Z，HIDALGO G，SIMON T，et al. OpenPose: Realtime Multi-Person 2D Pose Estimation using Part Affinity Fields[C]//IEEE Conference on Computer Vision and Pattern Recognition, 2018.

[11] LUO Y, ZHENG Z, ZHENG L, et al. Macro-micro adversarial network for human parsing[C]. //Proceedings of the European Conference on Computer Vision (ECCV),2018: 418-434.

反侵权盗版声明

电子工业出版社依法对本作品享有专有出版权。任何未经权利人书面许可，复制、销售或通过信息网络传播本作品的行为；歪曲、篡改、剽窃本作品的行为，均违反《中华人民共和国著作权法》，其行为人应承担相应的民事责任和行政责任，构成犯罪的，将被依法追究刑事责任。

为了维护市场秩序，保护权利人的合法权益，我社将依法查处和打击侵权盗版的单位和个人。欢迎社会各界人士积极举报侵权盗版行为，本社将奖励举报有功人员，并保证举报人的信息不被泄露。

举报电话：（010）88254396；（010）88258888

传　　真：（010）88254397

E-mail：dbqq@phei.com.cn

通信地址：北京市万寿路173信箱　电子工业出版社总编办公室

邮　　编：100036